江西农业大学"一村一名大学生工程"暨新型职业农民培训精品教材

# 养猪生产

Yangzhu Shengchan

主编　吴华东

江西人民出版社
Jiangxi People's Publishing House
全 国 百 佳 出 版 社

**图书在版编目（CIP）数据**

养猪生产 / 吴华东主编 . — 南昌：江西人民出版社，2018.9（2020.8 重印）
江西农业大学“一村一名大学生工程”暨新型职业农民培训精品教材
ISBN 978-7-210-10622-7

Ⅰ . ①养… Ⅱ . ①吴… Ⅲ . ①养猪学 – 高等学校 – 教材 Ⅳ . ① S828

中国版本图书馆 CIP 数据核字（2018）第 161334 号

**养猪生产**
**吴华东　主编**

组稿编辑：余　晖　李月华
责任编辑：章　雷
封面设计：章　雷
版式设计：龙创工作室
责任印制：潘　璐
出　版：江西人民出版社
发　行：各地新华书店
地　址：江西省南昌市三经路 47 号附 1 号
编辑部电话：0791-86898143
发行部电话：0791-86898815
邮　编：330006
网　址：www.jxpph.com
E-mail ：270446326@qq.com
2018 年 9 月第 1 版　2020 年 8 月第 2 次印刷
开　本：787 毫米 ×1092 毫米　1/16
印　张：4.25
字　数：50 千字
ISBN 978-7-210-10622-7
定　价：20.00 元
承印厂：江西茂源艺术印刷有限公司
赣版权登字—01—2018—591

# 丛书编写说明

农业、农村、农民问题是关系国计民生的根本性问题。没有农业、农村的现代化，就没有国家的现代化。党的十九大提出实施乡村振兴战略，这是党中央从党和国家事业全局出发、着眼于实现“两个一百年”奋斗目标、顺应亿万农民美好生活向往而做出的重大决策，为新时代农业、农村改革发展提供了基本遵循。

习近平总书记指出：“农村经济社会发展，说到底，关键在人。”作为江西省唯一的农业高校，我校从 2012 年开始承担全省“一村一名大学生工程”人才培养任务，已累计培养农民大学生 1.5 万名，基本实现全省每个行政村都有一名农民大学生的目标。学校坚持“实际、实用、实效、实践”的培养原则，坚持“不离乡土、不误农时，工学结合、因需施教，分段集中、统一培养”的教学模式，坚持学中和学后双向发力，面授和返乡紧密衔接，紧扣学员工作所需、应用所缺组织教学，形成了“学得好、留得住、用得上、带得动”的良好学习效果。学员中，95% 以上扎根在农村，60% 以上是中共党员，40% 是村两委班子成员，40% 为当地农村致富带头人，他们奋斗在精准脱贫的第一线，通过学习，他们更成为基层党组织的“顶梁柱”、脱贫致富的“新希望”和现代农业的“传播者”。“一村一名大学生工程”为富裕美丽幸福现代化江西建设，特别是为江西省乡村振兴战略的实施和打赢脱贫攻坚战，提供了坚实的人力资源基石。因而得到了中共中央政治局常委、全国政协主席汪洋同志的肯定，中央电视台《新闻联播》及《人民日报》等媒体也给予了报道，并且省委主要领导多次给予批示。

新时代有新要求。站在新的起点，我校将以强烈的责任担当，以热忱服务“三农”的政治情怀，按照精设专业、精开课程、精编教材、精建基地、精心管理的“五精”思路，推动工程在教学质量、创业服务、日常管理上的发展升级，打造工程的2.0升级版。

教材是人才培养的基础。精编教材是我校打造“一村一名大学生工程”2.0升级版的重要举措之一。我们组织长期从事“一村一名大学生”一线教学和具有丰富实践经验的专家，在过去内部使用的教材的基础上，围绕“实用”这个核心原则，紧密结合江西农业产业结构特点和农村经济社会发展实际，开发编写出版了这一系列教材。本系列教材通俗易懂，图文并茂，结合了农业最新技术，充满乡土气息，实用性、可读性和创新性很强。

新时代新作为。在编辑出版过程中得到了省委农工部科教处和省农业厅科教处领导的精心指导，对本系列教材提出了诸多意见和建议。我们希望并相信本系列教材的出版使用，对于提升“一村一名大学生”工程培养效果，能够发挥积极作用。我们也期盼，更多的同人关注和深入研究职业农民培养问题，支持我校培养更多“爱农业、懂技术、善经营”的新型职业农民，为“产业振兴、人才振兴、文化振兴、生态振兴、组织振兴”提供坚实保障。

**本丛书编委会**

**2018年7月15日**

# 目录

CONTENTS >>>

## 第一章　江西养猪生产现状



## 第二章　商品猪的选择



## 第三章　商品猪的引入

## 第四章　商品猪的育肥

## 第五章　养猪过程中的清洁生产



## 附：各阶段猪的日粮参考配方

第一章

# 江西养猪生产现状

近几年，随着沿海城市大量关闭养殖企业，江西养猪业快速发展，保持了两位数的增长，2010年生猪出栏2980万头，同比增长5.9%，生猪存栏1760万头，同比增长4.8%，其中能繁母猪存栏180.1万头，同比增长3.8%；生猪外销同比增长10%，其中销往上海市场突破200万头，增长了1倍多，生猪产业发展基础得到巩固和提高。同时，生猪个体产肉性能提高了0.3%，生猪出栏率增加到177.4%，生猪产业发展质量明显提升。2010年上半年，在国家生猪生产扶持政策的鼓励下，加上生猪价格持续高价位运行，群众补栏积极性高，商品猪和能繁母猪存栏增长幅度较大，全省生猪生产实现快速增长。但目前养猪行业无序发展、规模养猪管理失控、有的沼气池建设难以达到设计处理要求、规模化养猪的污染问题依然形势严峻。江西省农业资源总量虽然较大，但人均占有量少。以耕地为例，全省人均耕地面积只有0.74亩，只占全国平均水平的一半。随着人口逐年增加等因素，人均耕地将呈不断减少的趋势；雨水虽然充沛，但在一定程度上存在阶段型缺水和水质型缺水的问题。这种状况决定了，如果江西省继续沿袭传统的养猪生产方式，以土壤、水资源为支撑，将难以为继。一些地方片面追求养殖生猪的数量，如2013年全国出栏猪7.2亿头，江西出栏猪则超过3100万头。过量养猪现象的后果是猪价下跌，养猪户亏损严重，特别是进入2014年，由于养猪数量的大量增加，养猪生产步入亏损局面，由于商品肥猪价格低，养猪进入低迷状态，此外，大量的生猪养殖带来的后果是环境污染、气候变差、水质变差。

据估计，中国市场肥猪的年消费量在6.5亿头左右，而且随着生活水平的提高，食物结构的改变，虽然总量稳中有升，但对猪肉的需求比例呈逐年下降的趋势。

## 一、江西养猪特点

1. 区域布局不断优化。通过几年的发展，江西实现了“一县一业，一村一品”，一批优势畜产品基地初步形成。上高、樟树、东乡、万年、高安、新干、袁州等20个生猪养殖重点县，猪肉产量占全省猪肉总量的40%，外销生猪占全省70%以上。2013年江西全省生猪出栏3231万头、存栏1968万头，分别比2012年增长3.2%、2.9%，能繁母猪存栏205万头，同比增长3%。但进入2014年，受猪价低迷的影响，江西养猪出栏数和存栏数逐月下降。

2. 规模化、集约化养殖不断发展。近年来，江西养猪的规模化、集约化程度不断提高。全省养猪小区达800多个，小区出栏生猪近500万头。年出栏1000头以上的养猪场590

多个，其中年出栏万头以上的养猪场达200余个。全省规模养猪户8.2万户，规模养猪比重达到60%以上，规模饲养已成为养猪业生产的主导。

3. 生猪质量不断提高。全省有各类种猪场256个，商品猪生产基本实现了三元杂交，并逐步推行配套系生产。猪肉的安全性有了明显的进步，有的企业还创出“绿色猪肉”品牌，销售价格较高，在市场受到好评。

4. 生态养殖不断扩大。全省各地广泛推广“猪－沼－果”、“猪－沼－渔”等生态养殖模式,减少对环境的污染。全省兴建大中型畜禽场沼气工程361处,实施“猪－沼－果”的果园面积比重达到30%以上，与沼气、果业结合的养殖户30余万户，其中生猪出栏近330万头。初步形成了赣南、赣东以猪－沼－果为主，赣中以猪－沼－菜、猪－沼－粮为主，赣北以猪－沼－鱼、牧－珠共养为主的格局。

## 二、江西养猪发展的优势

在国家东、中、西的产业布局中，江西发展养猪业，具有五个方面的比较优势。

1. 区位优势明显。江西毗邻长三角、珠三角、闽东南等经济发达地区，十字形的铁路主干线、天字形的高速公路网贯穿其中，活鲜产品的运输半径小、运输时间短、途中损耗少，成活率高，运输成本低。得天独厚的区位条件，使江西成为所有中部省份中，对接周边经济发达地区最佳的鲜活畜产品供应基地，也是沿海生猪生产转移最佳的承接基地。

2. 自然资源优势独特。现代养猪业越来越受到土地和水资源的制约，江西山地丘陵面积大，有赣江、抚河、信江、饶河、修河五大淡水河流，全省遍布山塘水库，地下水资源也非常丰富，淡水资源仅次于湖北省，因此大力发展规模养猪，土地和水资源制约小,环保压力也较小。江西植被覆盖率高,是全国所有省份中仅次于福建的一个林业大省，生态环境优美，具有发展无公害和绿色生猪产品的优越条件。全省有8个优良地方猪种，并且都建立了保种场，具备生产优质猪肉的遗传资源条件。

3. 人力资源优势突出。养猪业在向规模、集约化经营转变的过程，经营管理和技术人才发挥着越来越重要的作用。经过多年的摸爬滚打,江西省成长了一批土生土长的“猪老板”和猪场职业经理人。加上近年来工商企业的进入，也为养猪业注入了新的经营管理理念。多层次的职业教育、多部门的技术培训，还培养了一批能吃苦、技术过硬的技术人员队伍。江西劳动力丰富，劳动力成本较低，经过多年的锻炼，培养了一大批规模化养猪生产工人，有利于降低生猪生产经营成本，提高效益。

4. 相关产业发展较好。江西饲料工业近年来呈持续稳定发展态势，由单纯的产量扩张步入产业升级、产品优化的阶段。到2007年底，全省有大、中、小型各种经济成分的饲料加工企业近400个；饲料加工双班生产能力550万吨；饲料生产总量370万吨；饲料添加剂和添加剂预混合饲料41万吨；实现饲料工业产值107.3亿元。2007年，江西省有兽药生产企业41家，年销售总额近10亿元；全省兽药经营企业4000多个，年经营额近11亿元。进入2013年，江西工业饲料生产放缓，尤其是禽饲料产量大幅下降。大型饲料企业产量虽有增长，但增幅普遍低于预期，盈利水平下降，中小企业经营更为艰难。饲料行业的暂时低迷加快了企业整合提升的步伐，大企业优势凸显，优胜劣汰的格局初步形成，呈现出一批企业进行设备改造升级、一批企业进行联合重组、一批企业进行外延式扩展、一批饲料企业延伸产业链的发展特点。

5. 产业政策优惠。畜牧业是发展农村经济、增加农民收入的重要产业。江西省委提出养殖业占农业总产值比重要提高到65%以上，其中畜牧业比重要达到45%。并指出江西农业发展“后劲在畜”。为此，全省各级政府都加大了对畜牧业的扶持力度，出台优惠扶持政策，加大资金投入力度，引导和扶持畜牧业发展。省财政设立500万元畜禽良种补贴专项资金，用于对省级种猪、种禽场的选育补助；为完善生态畜牧小区建设，省政府每年拿出1000万元资金，用于补贴畜牧小区的环保建设；商业银行和农村信用社加大了对养殖业的贷款扶持力度；生猪生产用电和非经营性饲料加工用电，执行农业用电政策等。此外，各地出台的招商引资优惠政策，如简化猪舍用地审批手续、实行责任部门挂牌跟踪服务、代办有关手续等，也为养猪业发展创造了良好的投资环境。

## 三、存在的问题

养猪业在发展过程中，也面临诸多突出的问题，如生猪及产品加工滞后，技术研发能力弱，猪肉加工比例低，抗市场风险能力差；重大动物疫病防控形势严峻，常规疫病发病率增加，给养猪业造成较大损失；生猪及产品质量安全存在隐患，使用违禁药和滥用兽药的现象时有发生，有的地方问题还比较严重；农民组织化程度不高，产业化经营水平较低；生猪规模养殖造成的污染问题日益突出等，此外养猪生产中还存在以下问题：

1. 生态意识淡薄。目前，有相当一部分人生态意识淡薄，对区域内土地承载力下降、水土流失严重、缺水、耕地地力下降、结构不合理、自然灾害频繁、发展畜牧业生产带来的环境污染等缺乏系统了解，看不到这些问题造成的生态性危害和灾难，不知道生产经营中需要对生态进行保护。

2. 基础设施落后。基础设施落后，也是制约生态农业建设的重要因素。交通、通信的不畅，给高效生态农业的发展造成了很大的局限性，大量的农业产品及项目由于无信息、无交通而流产；水利设施的不足，工程性缺水，对农业生产和相当一部分人、畜饮水造成困难；畜牧业生产设备简陋，粪尿、病死畜禽随意乱丢现象不断发生；农业环境保护设施的落后，使生态环境得不到应有的保护，并伴有恶化的趋势。

3. 养猪生产水平低。养猪生产以传统生产方式为主，生产水平低下，如果按照高效生态养猪的要求，难度就更大。

4. 经济基础薄弱。由于自然地理条件、地域区位、地质结构以及资金投入等因素的影响，农村经济的发展严重滞后，经济基础薄弱，实力不强，财力不济，农民收入不高，使发展高效养猪生产缺乏经济实力的有力支撑，特别是一些农业产业化经济项目的启动，对资金的要求和资金缺乏的矛盾较为突出。

5. 意识观念封闭。有不少地方的意识观念较为封闭落后，养猪生产主要依靠传统经验和消耗自然资源来发展，不是以市场需求而是以区域内资源的状况和自需的程度来决定，自给自足的自然经济还有一定的比重，特别是在山区，大多数农民是以家庭为单元进行的小微型的生产经营，生产组织结构松散，不利于养猪发展和集中开发，不易于形成特色和优势，从根本上说，就是不利于高效生态农业的发展。

6. 市场功能配置差。对于生猪商品市场的功能配置差，主要表现为生猪商品经济发育缓慢，市场体系不完善，多数农民在观念上和行动上以及能力上都还未成为市场经济成熟的主体，农村的产品市场较为单一，生产要素的自由流动也存在着一定的障碍，农村资源对于市场的配置还不相适应等。

## 四、未来发展道路

根据江西省生猪产业面临的新情况、新问题，要实现养猪业可持续发展，必须坚持以科学发展观为指导，创新发展理念，大力推进“六个转变”。

1. 由分散饲养为主向规模养殖转变。现代养猪业必须实现由传统的家庭分散养殖为主向适度规模养殖转变。当前，江西省养猪业正处在生产方式发生根本性转变的关键时期，要抓住这个有利时机，大力发展规模养殖企业、养殖小区、专业大户，以规模促生产、以规模促效益。进一步优化区域布局，发展养殖基地，形成一批具有较强市场竞争能力的生猪优势产业区、产业带，有效地提高生猪综合生产能力和效益，不断提升江西省现代养猪业的整体水平。

2. 由单纯的数量扩张为主向量、质并举转变。现代养猪业必须实现由追求数量增长为主，向追求数量和优质、安全、高效、生态并重方向转变。为此，要着力抓好生猪良种繁育体系建设，对现有原种场和扩繁场要完善生产配套设施，积极开展选种育种，解决好优质种猪和商品仔猪（价格、行情、供求、企业）供应问题。要充分利用地方种猪资源，推进优质猪肉生产。要实行"档案生产"，生产者对种猪引进、饲料生产、饲养管理、产品加工、运输销售的全过程建立完整档案，实现从饲料厂、养猪场、肉类加工厂、销售商一直到普通百姓餐桌的全过程质量监控和可追溯制度，保证猪肉产品安全。要加强饲料、兽药监管，集中打击使用"瘦肉精"等违禁药物的不法行为，规范兽药生产经营和使用。要继续做好无公害生猪产地和产品认证工作，推行兽药 GMP 认证、饲料生产和屠宰加工 HACCP 认证，提高生猪产品质量。要继续推广"猪、沼、果"等生态养殖模式，实施动物福利原则，促进人与自然的和谐发展。

3. 由粗放经营向集约化经营转变。要以提升产品竞争力为核心，加紧制订和完善生猪生产的技术标准、规程，将生猪产前、产中、产后全过程纳入标准化管理轨道。要加大生猪标准化生产技术，特别是无公害生产技术的示范推广力度。要采取多种形式鼓励建设标准化规模养猪场、养猪小区等，提高标准化生产的整体水平。要大力推进科技进步，将成熟实用技术科学组合，配套推广，逐步提高养猪业生产水平和效益。要围绕高新技术成果转化和先进适用技术推广，建设一批生猪养殖科技示范场、示范小区。

4. 由忽视环保向生态养殖转变。《中华人民共和国畜牧法》明确规定："畜禽养殖场、养殖小区应当保证畜禽粪便、废水及其他固体废弃物综合利用或者无害化处理设施的正常运转，保证污染物达标排放，防止污染环境。"因此，要积极发展生态养猪。运用循环经济学的原理，以资源的高效利用为核心，坚持"总量控制、无害处理、农牧结合、种养平衡"的原则，科学规划和建设生猪养殖场。按照田、园、塘用肥量配建猪栏，因地制宜，采用高效、实用、低廉治污技术方案，使污染物达到无害化要求，并变废为宝，利用猪场粪尿解决田、园、塘有机肥，实现养猪场废弃物的资源化利用。对于新建的规模养殖场，要合理选址，做到"三同时"，即环保工程与主体工程同时设计、同时施工、同时投产，避免走先污染、后治理的老路。对已建的规模养猪场，要结合当地实际，制定简便适用、造价低廉、运行费低的综合治理模式，正确处理好发展生产与保护环境的关系。

5. 由生产初级产品为主向精细加工转变。加工龙头企业是提高生猪产业化经营最重要的市场竞争主体。要加大对生猪主产区屠宰加工龙头企业的培育力度，着力建设一批布局合理、规模适度、机械化水平较高、带动力强的屠宰加工企业，扩大加工规模，提高加工档次，打造产品品牌。要以冷却肉、分割肉、小包装肉和直接食用的方便熟肉制品为突破口，促进产品流通。要由活大猪向冷鲜肉和肉制品发展，由初级加工向精深加工发展，不断提高精深加工产品的比重。要根据自愿互利的原则，成立生猪产加销一体化的合作社（联合体），实行股份合作制经营，使生产者和经营者形成一个利益共同体，实现利润的二次分配，有效规避生猪的市场风险。

6. 由省内销售为主向以外省销售为主，兼顾出口转变。目前江西省年出栏生猪 3200 余万头，其中外销 1000 万头左右，生猪市场以内销为主。要大力发展生猪运销队伍，规范生猪运销合作经济组织的发展，充分发挥他们作为生猪外销主力军的作用。要充分利用江西省区位优势，广泛与外销区开展市场准入的产销协作，建立优质安全生猪外销基地，进一步扩大江西省生猪外销的市场份额。要鼓励出口企业建立与出口国（地区）技术标准和市场准入相适应的标准体系，按照国际标准组织生产，积极开拓国际市场，扩大出口份额。

第二章

# 商品猪的选择

选择性能优良的杂种猪是提高肉猪生产水平和经济效益的第一步。在我国商品肉猪的生产中，一般选择二元、三元杂种猪育肥。二元杂种猪主要是以我国地方猪种或培育品种为母本，与国外优良瘦肉型猪种为父本杂交而产生。三元杂种猪则用我国地方猪种或培育品种为母本，与国外优良瘦肉型猪种生产的杂优母猪，再与国外优良瘦肉型猪种作终端父本杂交而生产。近年来，尤其是在经济发达的大中城市及沿海地区，选择生产性能高的引进瘦肉型猪种，采用三元杂交的方式生产商品肉猪，最常见的杂交组合是杜长大或杜大长。

当今国际养猪发展趋势是按专门化品系选育，根据市场需求杂交配套生产商品猪，并形成了许多著名的配套系猪，我国目前已引进了美国的 PIC、荷兰的达兰（DALLAND）、法国伊彼得（FRANCE-HYBRIDES）、比利时的斯格（SEGHERS）等配套系猪。我国自己培育的配套系猪有深农配套系、光明配套系和冀合白猪配套系。

在猪的经济杂交中，应根据需要选择合适的父母本开展杂交，由于两者的要求不同，故标准不一样。

# 一、猪的品种

## （一）猪的经济类型

根据猪的肉脂生产能力和外形特点，猪的经济类型可分为：

1. 脂肪型：全身脂肪较多，占胴体的 55%~60%，瘦肉 35%~40%，膘厚 5~7 厘米。外形为体躯宽、头颈重、全身肥满、四肢短。我国地方品种基本上属于此类，2000 年 8 月 22 日，中华人民共和国农业部发布第 130 号公告，确定以下 19（21）个地方猪种为国家级猪种资源保护品种，它们是：八眉猪、大花白猪（广东大花白猪）、黄淮海黑猪（马身猪、淮猪）、内江猪、乌金猪（大河猪）、五指山猪、太湖猪（二花脸猪、梅山猪）、民猪、两广小花猪（陆川猪）、里岔黑猪、金华猪、荣昌猪、香猪（含白香猪）、华中两头乌猪（通城猪）、清平猪、滇南小耳猪、槐猪、蓝塘猪、藏猪。我国比较著名的地方品种主要有：

（1）太湖猪。太湖猪主要分布于长江下游，江苏、浙江省和上海市交界的太湖流域；由二花脸、梅山、枫径、嘉兴黑、横径、米猪等猪种归并，1974 年起统称“太湖猪”。大湖猪以繁殖力高著称于世，是全世界已知猪品种中产仔数最高的一个品种，但屠宰率低（见图 1、图 2）。

图 1　太湖母猪

图 2　梅山猪

（2）金华猪。主要分布在浙江金华地区的义乌、东阳和金华三个县。由于长期以来用黑豆、大麦饲养，该猪性情温顺、早熟易肥、皮薄骨细、肉质细嫩，适于做火腿和腌肉（见图 3、图 4）。

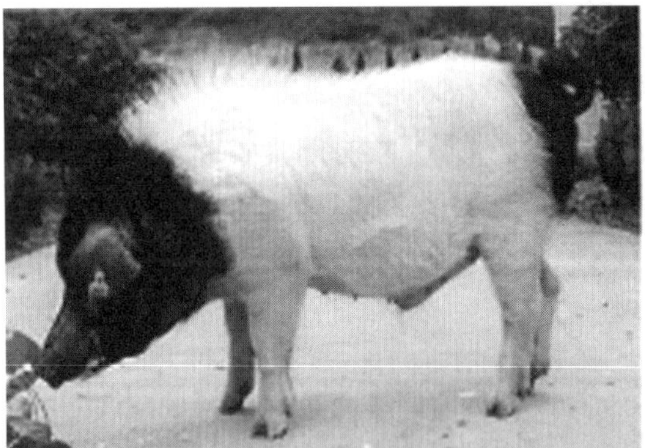
图 3　金华猪（母）

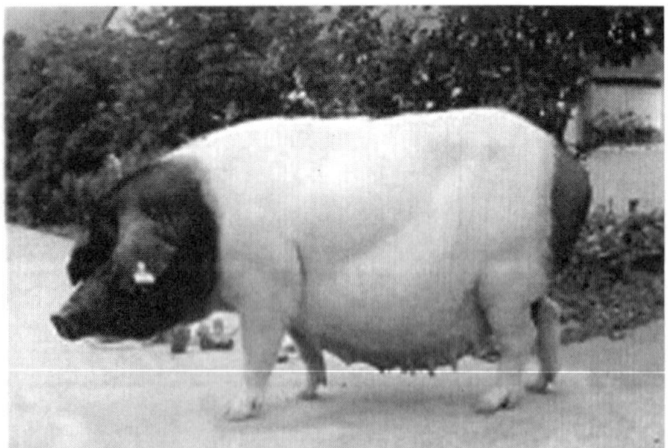
图 4　金华猪（公）

（3）大花白猪。产于珠江三角洲一带，其数量多、分布广，能适应炎热潮湿的气候，繁殖力强、早熟易肥、脂肪沉积能力强，配合力强等特点，但生长慢（见图 5）。

（4）内江猪。原产四川内江地区，分布甚广。成熟早，适应力强。每胎平均产仔 10 头，母猪性温顺，母性强。肥育猪 6 月龄体重可达 90kg，胴体瘦肉率可达 37%左右，肉质良好。对炎热、寒冷和海拔 4000m 以上的高原地区均能适应（见图 6）。

图5　广东大花白猪

图6　内江猪

（5）华中两头乌猪。分布于江西、湖北、湖南等省份。华中两头乌猪躯干和四肢为白色，头、颈、臀、尾为黑色，额部有一小撮白毛，称笔苞花和白星。其肉质鲜嫩、繁殖率高、瘦肉率高、抗病性强（见图 7、图 8、图 9、图 10、图 11）。

图7　华中两头乌－湖南沙子岭猪

图8　华中两头乌－赣西两头乌猪

图 9　华中两头乌 - 湖北通城猪

图 10　华中两头乌 - 湖北监利猪

图 11　华中两头乌 - 广西东山猪

（6）广西巴马香猪。产于山清水秀的世界著名的长寿之乡——广西巴马瑶族自治县，体型较小，性野早熟，俗称“冬瓜猪”、“芭蕉猪”；皮薄肉细，肉味鲜美，有“一家煮肉四邻香，七里之遥闻其味”之美称，是制作烤乳猪的最佳原料（见图 12）。

图 12　巴马香猪

（7）藏猪。分布于四川的甘孜、阿坝藏族自治州，云南迪庆等地市，是世界上唯一的高原型猪种，被毛多为全黑色，少数为黑白花和红毛。头狭长，嘴筒直尖，犬齿发达，耳小竖立，体型紧凑，四肢坚实，形似野猪。每窝产仔 5~6 头，生长慢，胴体瘦肉多，背毛粗长，绒毛密生，适应高寒气候（见图 12、图 13）。

图 12　四川阿坝藏猪

图 13　四川的甘孜藏猪

（8）赣东北黑猪。玉山黑猪体型稍小，体质较疏松，耳中等大下垂，嘴筒短宽、微翘，颈短而丰满，背腰较宽、稍下凹，腹大小适中，臀稍丰满、略倾斜，四肢较短、坚实，被毛全黑（见图 14、图 15）。

图 14　玉山黑猪

图 15　玉山黑猪

（9）滨湖黑猪。产于鄱阳湖区一带包括星子黑猪、南昌黑猪、永修黑猪、奉新黑猪。全身被毛灰黑色，毛较稀，皮较厚且皱纹多，耳大下垂，背腰宽凹，腹大略下垂，四肢粗壮，尾根粗大，体躯中等。头形一种额部皱纹较浅，额狭窄，嘴长而直；一种头较大，嘴略短而上翘，额较宽，颈粗短（见图 16、图 17）。

图 16　滨湖黑猪

图 17　滨湖黑猪

（10）赣西北花猪。产于修水县包括大乡猪、莲花猪、武宁花猪。体格中等，体质疏松，头型分“狮头”和“狗头”两种，狮子头猪的前额稍凹陷，嘴筒短，颜面皱纹多而深，又称“八卦脸”；狗头猪的嘴筒长直，颈也较长。耳中等大小，背腰稍凹，腹大，四肢粗圆，多卧系，毛色为“乌云盖雪”（见图 18、图 19）。

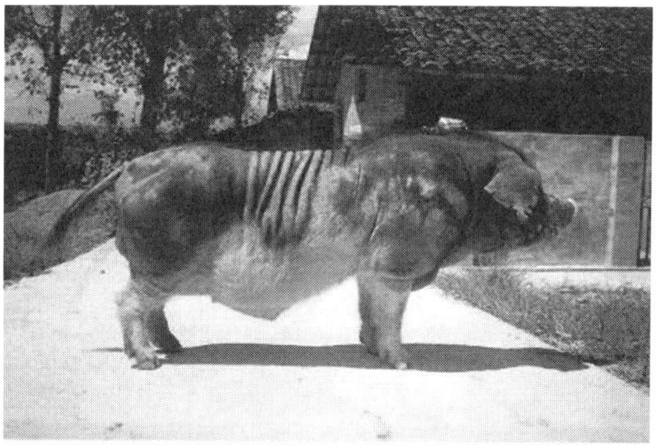

图 18　修水杭猪

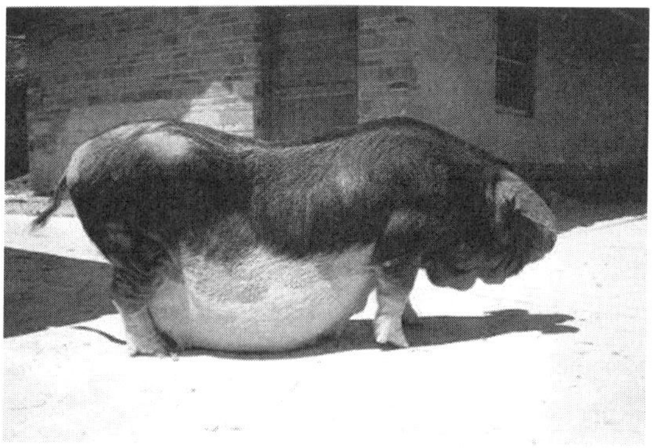

图 19　修水杭猪

2. 瘦肉型猪。瘦肉型猪大多是经过培育的外来型猪，我国自 19 世纪末期以来，从国外引入的猪种有十多个，其中对我国猪种改良影响较大的有约克夏猪、巴克夏猪、苏白猪、克米洛夫猪、长白猪等。20 世纪 80 年代，又陆续引进了杜洛克猪、汉普夏猪和皮特兰猪。目前，在我国影响大的瘦肉型猪种有大约克夏猪、长白猪、杜洛克猪、汉普夏猪和皮特兰猪。引入我国的主要有：

（1）大约克夏猪。原产于英国北部的约克郡，有 220 余年的培育历史。大白猪体躯大、体形匀称，被毛全白，又名大白猪。耳大直立，背腰微弓，腹充实而紧，四肢较高。大白猪具有增重快、繁殖力高（经产 12 头，产活仔 10 头）、适应性好，饲料转化率高、胴体瘦肉率高，肉质性状一般等特点。在我国猪杂交繁育体系中一般作为父本，或在引入品种三元杂交中常用作母本，或第一父本（见图 20、图 21）。

图 20　大约克夏公猪

图 21　大约克夏母猪

（2）长白猪（兰德瑞斯）。原产于丹麦，体躯长，被毛全白，在我国都称它为长白猪。长白猪外貌清秀，体躯呈流线型，耳大前倾，背腰特长，腹部直耳不松弛，体躯丰满，后腿肌肉发达，皮薄、骨细结实。长白猪具有增重快、繁殖力高（经产 11 头）、瘦肉率高等特点，肉质欠佳，氟烷的阳性率在国外猪种中仅次于皮特兰。在我国猪杂交繁育体系中一般作为父本，或在引入品种三元杂交中常用作母本，或第一父本（见图 22、图 23）。

图 22　长白猪

图 23　长白猪

（3）杜洛克猪。原产于美国，体型外貌：全身被毛棕色，耳尖下垂，肌肉丰满，四肢粗壮。杜洛克猪具有增重快、瘦肉率高、适应性好，体质强健、抗逆性强、肉质较好（氟烷阳性率最低、PSE 和 DFD 肉少），但产仔较少（9~10 头）等特点。在生产商品猪的杂交中多用作终端父本（见图 24、图 25）。

图 24　杜洛克猪

图 25　杜洛克猪

（4）汉普夏猪。原产于美国，1904 年育成。汉普夏猪被毛黑色，在肩和前肢有一条白带，故称为“银带猪”，耳中等大小而直立，背腰弓形，后躯臀部肌肉发达。汉普夏猪具有背膘薄、瘦肉率高、母性好、体质强健，肉质欠佳（具酸肉效应）等特点。在生产商品猪的杂交中多用作终端父本（见图 26、图 27）。

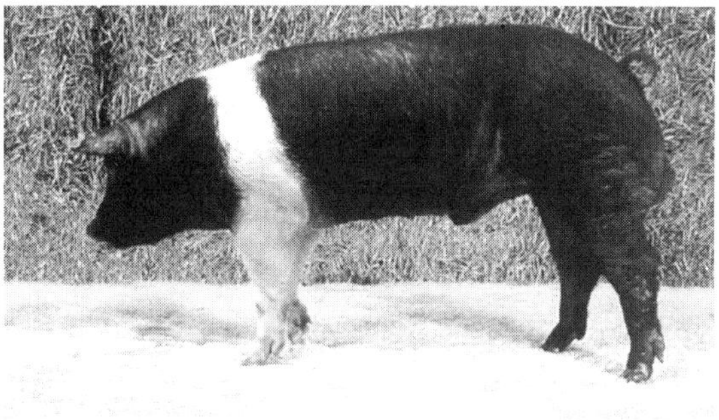

图 26　汉普夏猪

图 27　汉普夏猪

（5）皮特兰猪。原产于比利时，1950 年育成。皮特兰猪被毛灰白，夹有黑色斑块，还杂有部分红毛，耳微向前倾，颈和四肢较短。具有体躯宽短、背膘薄、后躯丰满、肌肉特别发达等特点，目前是世界瘦肉率最高的一个猪种。但该品种的肌纤维较粗，肉质肉味较差（氟烷阳性率高、易发 PSE），产仔数少。在生产商品猪的杂交中多用作终端父本（见图 28、图 29）。

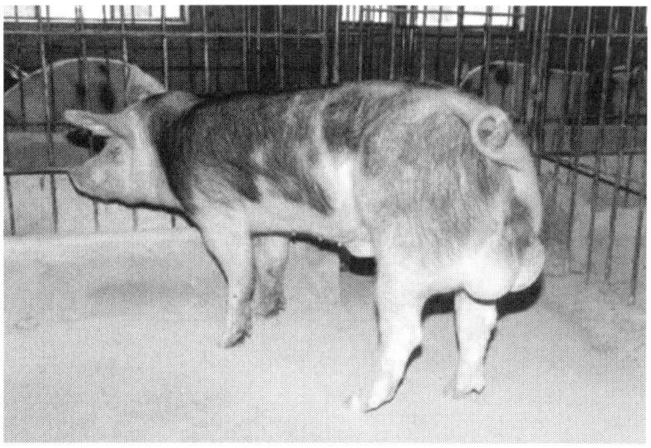

图 28　皮特兰猪

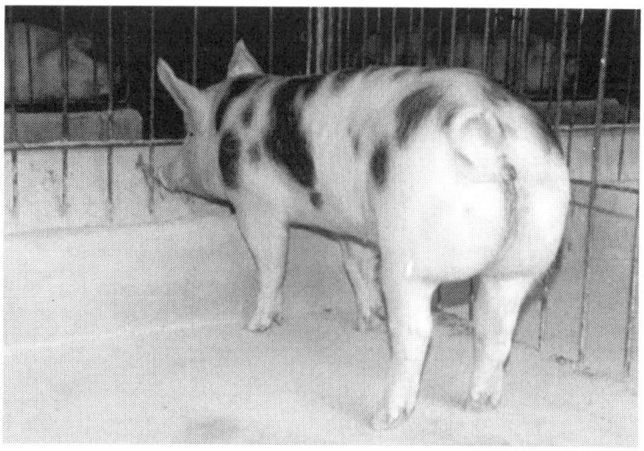

图 29　皮特兰猪

（6）PIC 猪。PIC 种猪改良国际集团，1962 年成立于英国，是世界上最早专业从事种猪改良的公司之一，是全球最大的种猪改良公司。PIC 猪最明显的优点是产仔数高。一般猪种的产仔数为 9 头，PIC 猪的产仔数达到 15 头，它作为种猪，还具备秘乳量高、性情温驯、易管理、猪应激基因检测显阴性、生长速度快等优点。作为肉猪，它又集胴体瘦肉率高、背膘薄、肉质鲜嫩、肌间脂肪均匀等优点于一身。PIC 猪是五系配套猪，具有瘦肉率高、不含应激基因、生长速度较快、饲料转化率高、背膘薄、生长快、无应激综合症、繁殖性能优良等特点（见图 30）。

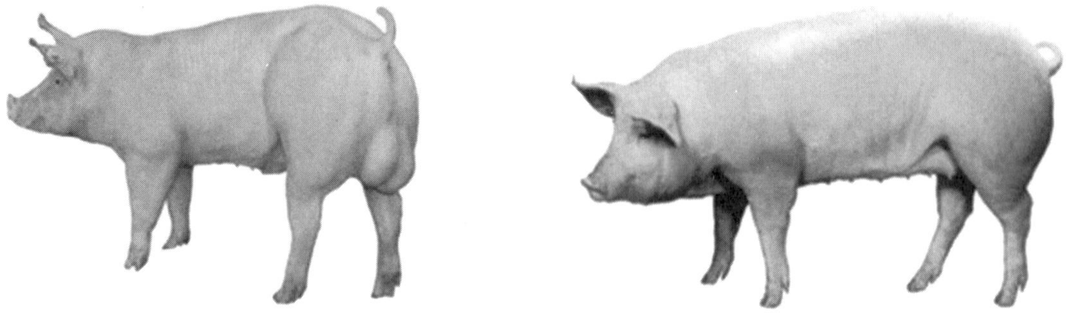

图 30　PIC 猪

3. 兼用型猪。介于上述两者之间。我国培育品种基本属于此类，如南昌白猪、哈白猪等。随着养猪业的发展，目前，这类猪饲养的数量越来越少。

## （二）猪品种的选择

选种是一门学问，对公猪与母猪的选择，要求是不一样的。

1. 父本品种的选择。在选择父本品种时，应按照下列原则：

（1）应选择生长速度快、饲料利用率高、胴体品质好的品种或品系作为父本；

（2）应选择与杂种所要求的类型相同的猪种作为父本；

（3）考虑种猪的来源和适应性。根据江西的实际情况，在农村饲养的公猪一般以杜洛克、大白或长大公猪比较适宜，具体选择时应注意以下几点：

第一，系谱记录。从系谱记录上要选择无隐睾、阴囊疝、脐疝等遗传缺陷的种猪后代，出生体重在同一窝中较大的、生长速度较快的优秀个体。

第二，外形选择。公猪应选择四肢粗壮、结实，睾丸对称饱满，体形健壮、腮肉少，臀部丰满、包皮较小的个体。如果是种猪场，挑选公猪时还应注意公猪的乳头排列，血统要尽量多。公猪一定要选择眼光有神、活泼好动、口有白沫的，这种公猪性欲都较旺盛。

第三，遗传育种值。如果有种猪性能测定成绩的，要选择 EBV 值大的，说明该猪综合性能较好。如果体重较大，一定要选择有性欲表现的，最好是花高价钱购买检查过精液品质的公猪，这样，可以做到万无一失。

2. 母本品种的选择。在选择母本品种时，应按照下列原则：

（1）应选择在本地区数量多、适应性强的品种或品系作母本；

（2）应选择繁殖力高、母性好、泌乳能力强的作母本；

（3）在不影响杂种生长速度的前提下，母本的体型不一定要求太大，以节省饲料。

（4）选择母猪的要求与公猪不同，因为母猪注重的是繁殖性能，所以要选择身体匀称，背腰平直，眼睛明亮而有神，腹宽大而不下垂的个体，同时，骨骼要结实，四肢有力，乳头排列整齐，有效乳头数在 6 对以上，阴门发育正常大小，而不选择阴门小而下缘上翘者。

根据江西的实际情况，在农村饲养的母猪一般以本地品种如赣东北地区可选择赣东北花猪—乐平花猪、赣东北黑猪—玉山黑猪为母本；滨湖地区的星子、南昌、永修、奉新等可选择滨湖黑猪为母本；修水、武宁等可选择修水杭猪、大乡猪、莲花猪、武宁花猪为母本；万载、安福、萍乡、宜春等地可选择秋江猪、蒙山猪、万载猪、安福猪为母本；赣南地区可选择冠朝猪、万安猪、左安猪、藤田花猪、茶园猪、三花猪、乐安猪为母本；抚州地区可选择南城黑猪、广昌猪、东乡花猪为母本，和外来品种的杜洛克、大白、长大等公猪开展经济杂交，生产商品猪。

3. 种猪的选择。搞好商品猪的饲养是广大养猪户取得良好经济效益的关键，而种猪的选择则是搞好商品猪饲养的前提，选择好种猪时应注意以下几点：

（1）从猪种方面选择。改良品种猪比地方品种生长快，选用时应尽量选择改良品种的仔猪，则有利于提高生长发育的增重速度；瘦肉型猪比脂肪型猪生长快，胴体瘦肉率高，肉品质好，饲料报酬也高，在相同饲养条件下，生产 1 千克瘦肉比生产 1 千克肥肉省 10% 配合饲料；杂交猪比纯种猪生长发育快，胴体瘦肉率高，适应性强，其中以纯瘦肉型杜洛克、长白、大约克的瘦肉率达 73% 以上；优良种公猪与地方母猪杂交，杂交后代再用优良公猪杂交，生产的三元杂交后代较为理想，应首先选用，这种三元杂交后代体重增加快，瘦肉率均在58%以上，节省饲料，出栏提早，肉品质为市场认可，深受消费者青睐；高产公母猪所产的仔猪比低产公母猪所产的仔猪生长发育快，选择时最好能查出仔猪父母本的生产记录，以利于选择。

（2）从个体方面选择。原则要求选择仔猪时应选体重大的，体重越大，说明先天生长发育良好，正如农谚"出生大一两，断奶大一斤，出栏多十斤"，体质健壮、行动活泼、尾巴摆动有力的仔猪好。凡是头大臀尖、腹部膨胀的仔猪多为早期营养不良、生长发育受阻或患过疾病（如仔猪白痢）等，这种猪的肥育效果不好。身体各部发育均匀、良种遗传形态明显的仔猪，则潜含父母本的良种优势，后天饲养良好时会很快显露杂交优势。在选择杂交二代的仔猪时，可遵循以下原则进行选择：眼睛大、突出灵活有神，嘴形扁圆，唇薄、上下唇齐平，则吃食好；耳既大又薄，能上下或后伸，额头平略宽无皱纹，鼻孔宽大，呼吸畅通；后脚高而直，吃食时后脚频频提起；身躯长大，腰平直；乳头稀疏，连线呈椭圆形；胸部宽大发达；被毛光润贴身；皮肤粉红、薄而富有弹性则为优良仔猪。

# 二、猪的杂交

## （一）猪经济杂交的方式

猪的经济杂交的方式有多种，目前生产中应用较多的主要有：

1. 二元杂交。二品种经济杂交是用两个不同的品种、品系或品群杂交一次，后代为杂种商品猪。

优点：简单易行；效果可靠；都可获得杂种优势。

缺点：繁殖性能不能利用。

2. 三元杂交。三品种经济杂交是指两品种杂交后代的母本和另外一个品种再杂交一次，最终获得三元杂交商品猪。

3. 双杂交。四个品种猪中，两两分别杂交，其后代再进行一次杂交。

4. 轮回经济杂交。指参加杂交的各品种与各代杂种进行回交，以便在每代获得杂种优势。

5. 专门化品系杂交。专门化品系是指具有一两个突出优秀性状、其他性状保持在一般水平上的品系，这些品系之间有计划地杂交叫专门化品系杂交。

## （二）提高经济杂交效果的方法

1. 根据不同性状的遗传规律，开展杂交。由于遗传力小的性状容易（繁殖性状如产子数）获得杂种优势，因而杂交时优势明显；而遗传力高的性状（胴体性状如瘦肉率）不容易获得杂种优势，只有通过亲本选择来实现；遗传力中等的性状（生长性状如日增重）比较容易获得杂种优势。

2. 加强亲本品种的选择。正确选择父母亲本是提高杂交优势的有效措施，在母本选择时主要考虑繁殖性状，父本主要考虑生长速度和饲料利用率。

3. 亲本品种的提纯和选育提高。在开展杂交时，亲本越纯，则杂交优势越明显，只有不断对亲本进行提纯复壮，才能从根本上提高杂种优势率。

4. 采用适宜的杂交方式。适宜的杂交方式取决于对商品猪的要求和原来品种的特性以及当地的各种条件，同时正反交效果不同。

5. 注意品种间的异质性。杂交亲本的差异性越大，则纯度大的两亲本杂交后，生活力强，杂种优势就明显。

6. 饲养管理条件。杂交并非万能，若只考虑杂交的品种组合、品种的遗传性生产水平而不考虑当地的饲养管理条件，就不能达到预期的效果，因为猪的杂种优势的表现是靠饲养管理来体现的。在饲养管理条件差的情况下，其杂交优势往往不能得到体现。

7. 杂交个体本身的条件。好的杂交方案并不一定能获得杂种优势，因为同一组合的不同个体的表现不一。所以，杂交组合时必须有正确的个体选择和选配。

# 第三章

# 商品猪的引入

在现代化养猪生产中，一个商品养猪场经济效益的好坏除了跟市场行情、猪场的投资环境及饲养管理等有关外，商品猪的引入便是最为重要的环节了。优良的商品猪是提高养猪效益的基础要素，而商品猪质量却是关系养猪成败的关键环节。

## 一、引入前的准备

引种是每个猪场生产经营者都要考虑的问题，它是实现品种改良和迅速提高养猪效益的有效途径，在养猪企业中，品种的改良速度是牵制企业发展速度的重要因素。无论是到国外引种，还是在国内引种，都应该树立一种科学的引种理念，即三个意识：品牌意识、健康意识、良种意识。

1. 品牌意识。品牌是实力的象征，实力是品牌的支柱。有品牌、有实力的养猪企业，有自己独特的政策优势、雄厚的资金优势和过硬的技术优势，从客观的角度来讲，这样的种猪企业有能力生产出更为优良的商品猪。更不可忽视的是，在商品猪引进的同时，其所附带的品牌附加值，如完善的、更为人性化的售前、售中、售后服务，内容包括围绕养猪生产各个环节的培训及指导等。

品牌意识作为现代种猪生产企业，标准化生产是很重要的品牌标志之一。推行标准化生产是促进养殖业从数量型到质量型转变，提高产品质量，增强企业竞争力的重要措施。建立农业标准化体系并通过示范加以推广，是农业结构战略性调整的一项基础性工作，直接关系到实现农业的市场化、产业化、集约化、现代化。商品猪企业品牌经营的基础就是标准化生产。

2. 健康意识。目前猪病让太多的养猪生产者无奈、苦闷和彷徨，有时一旦发病简直是措手不及，因此健康的养猪理念显得尤其重要。猪群保健是一个庞大的系统工程，它涉及养猪生产的各个环节，包括猪场设计、饲料因素、环境因素、气候因素、饲养管理因素、品种因素及整个猪群的健康水平和免疫状况等。从引种的角度谈健康，首先要选择信誉良好的公司，这是选种的一个前提，具体到每头猪只除了要注意观察其外观表现外，同时可进行血清抗体监测（如 ELISA 方法、间接血凝试验等），一般要检查猪瘟抗体、口蹄疫抗体、伪狂犬野毒、蓝耳抗体等。对于猪瘟、口蹄疫阴性猪不选或者加强免疫，伪狂犬野毒阳性猪禁止引入，这样可以从源头上控制疾病的引入。有些失败的引种确实值得养猪人借鉴，有的引种等于引来定时炸弹，一旦条件恶化，便会不定期“爆炸”，周而复始，恶性循环，净化将会是一个漫长的过程，同时要付出惨重的代价。

3. 良种意识。优良的种猪是育种场通过不同的现代育种技术（种猪性能测定、遗传评估或分子育种等技术）措施，经过严格选育的结果，其各项生产性状都表现出良好的遗传性。在养猪发达国家，已经建立了专门化的父系猪和母系猪的选育场。父系猪主要体现在良好的产肉性能，饲料利用率、日增重、屠宰率、瘦肉率高，腿臀肌肉发达，背膘薄和公猪性欲好等生产性能。母系猪则表现出良好的繁殖性能，性成熟早、产仔多、泌乳力强，母猪使用年限长、分娩指数高等生产性能。养猪企业中，利润当然是放在第一位的，品质越好的种猪，带来的利润自然就会越多。每一位养猪生产者，都应该具有强烈的良种意识。

引种前应该做的准备工作包括制订引种计划，应了解的具体问题，隔离舍的准备工作等等。

1. 制订引种计划，确定引入数量和重量。首先，猪场和养殖户应该结合自身的实际情况，根据猪群更新计划，确定引入的时间、所需商品猪的品种和数量，要针对过去养猪过程中出现的问题有选择性地购进，并只购买与自己的存栏猪群健康状况相同的优良个体。其次，引种要选择合适的时机，合适的时机引种能更好地发挥引种优势，降低引种成本，这就需要对种猪市场有敏锐的洞察力和用前瞻性的眼光来分析预测养猪生产。第三，引进商品猪并不是体重越大越好，一般在 15-20kg 较为理想。体重太小，猪的生长发育未完全，不好确定到底好不好，也有一些缺陷尚未表露出来。体重太大，不仅成本上升，而且长途运输容易出麻烦，稍有些拥挤、挤压，还容易造成猪只四肢麻木，甚至造成残废而淘汰。

2. 确定引种场家。

（1）选择有实力、信誉好、质量佳、售后服务完善的大型种猪企业。现在的猪市场是雾里看花，难辨真伪。引入时可以到省、地、县畜牧部门，了解该地猪场情况，然后再考察，多走多看，最后根据具体情况确定引种的场家。应选择实力强、信誉好、质量佳、售后服务完善的大型养殖企业。

在实际引种时应注意以下几点：首先是疫病情况，调查本地和引入地的疫病流行情况和猪的质量情况，必须从没有危害严重的疫病流行地区，并经过详细了解的健康猪场引进仔猪，同时了解该种猪场的免疫程序及其具体措施，此外引种最好从一家猪场引入，不要从多家猪场引入，以防止疾病的交叉感染。

其次，了解该种猪场种猪生产性能情况，包括其公猪的生长速度（100kg 日龄）、背膘厚（瘦肉率）等指标，母猪要了解其繁殖性能（如产仔数、受胎率、初配月龄等），并了解其育种技术和品种改进方法。

第三，了解该公司的售后服务情况，是否能提供全面系统的服务，尤其是对于新建场来说，技术力量相对薄弱，完善的售后服务是引种能否成功的有力保障。

（2）引种前充分认识自己，严格要求质量，了解自己本场种猪的健康状况，最好抽血化验。确定引种场家时，要求与本场种猪健康状况相近的种猪。如果引进的猪的健康水平好于本场猪，请在引种后隔离期间做主动免疫，对于健康水平不如本场的种猪，要权衡利弊，最好不要引进，以免出现意外的麻烦。

（3）选择合适的引种时间。一般场都会确定在气候较适宜的春、秋季引种，但精明的人会选择在夏、冬季引种，因为季节对种猪的价格有所影响，所以好多场会选择在冬季 12 月至次年 2 月份或夏季 6 月下旬至 8 月份引种，因为这时种猪价格最便宜，体重也较大。但冬、夏季节里，应该正确掌握装车时间及装猪密度，冬季在上午 11 点至下午 2 点之间装车，并注意苫好棚布，防寒保温，以防感冒；夏季在早、晚气温稍低时装车，并给上车的猪只喷水降温。

（4）确定引种人员。一般要有 1~2 位具养猪经验的专业人员参加。

3. 隔离舍的准备工作。猪场应设隔离舍，要求距离生产区最好有 300m 以上距离，在种猪到场前的 30 天（至少 7 天）应对隔离栏舍及用具进行严格的清洗、消毒，最好先用清水将猪栏冲洗干净，再用烧碱进行消毒，第二天将烧碱冲洗干净，一直到地面不起泡泡为止，然后选择质量好的消毒剂，如氯制剂、碘制剂、复合醛类等消毒剂，进行多次严格消毒。空栏，等待进猪。

4. 其他设备的准备。在选猪之前，还要做好饲料、常备兽药、疫苗、劳动生产用具、水电等的准备工作，要根据引入猪的数量妥善准备。冬季引猪时还要做好保暖设备、垫草等的准备。

## 二、选猪时应注意的问题

1. 商品猪要求健康，无任何临床病症和遗传疾患（如脐疝、瞎乳头等），营养状况良好，发育正常，四肢要求有力且结构良好、强健有力，体形外貌符合品种特征和自身要求。

2. 种猪场应尽量满足用户的要求，设专用销售观察室（即展示厅）供顾客挑选，确保种猪质量和维护顾客利益。

3. 要求供种场提供该场免疫程序及所购买种猪的免疫接种情况，并注明各种疫苗注射的日期。种公猪最好能经测定后出售，并附测定资料和种猪三代系谱。

4. 所选种猪必须经本场兽医临床检查无猪瘟、萎鼻、布氏杆菌病等病症，并有兽医检疫部门出具的检疫合格证明。

## 三、装车前的准备

1. 车辆的准备。一般购买种猪都是汽车运输，使用火车及飞机运输的较少，因为后者有诸多不便，如果引种头数多的话，运输费用也较高。汽车要先检查车况，并事先装好猪栏，如果一次引种数量较多，最好使用有分格的猪栏，以免猪多互相挤压，造成不必要的损失。同时要带上苫布以备不时之需。

2. 车辆消毒。装车前首先要用消毒液对车辆进行彻底消毒，一般用过氧乙酸或者火碱喷洒，如果是经常用来运猪的车辆，在去种猪场前应该冲洗干净，并消毒备用。

3. 备齐各种手续。装车前，需要把一切手续办好，包括货款、检疫证明、车辆消毒证明、免疫卡、系谱、免疫程序、饲料配方、饲养手册等一切带齐，以备查验。

4. 如长途运输，最好在拉猪当天不要让场家饲喂所拉猪只，以免发生脱肛现象；同时最好请场家根据猪的体重大小，给每头猪打上 5~8ml 长效得米先，以减少由于运输及环境变化所造成的应激，同时从厂家购买 3 天以上的饲料，以利于饲料的过渡。

5. 路途需准备的物品：

饮水系统。如果路途较远，应该在装猪前，将途中猪只饮水系统配好，必要时安装上自动饮水器及大水桶，猪一两天不吃可以，如果不饮水的话，对猪只很不利。

营养品。准备一些矿物质及多维素，加入到饮水中，以防因长途运输给猪带来的负面影响。如果需要走 4 天以上，要带上一些颗粒饲料。

还需要准备些常用药品，路途如需 4 天以上，要带点缝合线，一条长棍。

## 四、商品猪运输时应注意的事项

1. 在运输过程中应想方设法减少种猪应激和肢蹄损伤，避免在运输途中死亡和感染疫病。要求供种场提前 2 小时对准备运输的种猪停止投喂饲料，赶猪上车时不能赶得太急，注意保护种猪的肢蹄，装猪结束后应固定好车门。

2. 长途运输的车辆，车厢最好能铺上垫料，冬天可铺上稻草、稻壳、锯末，夏天铺上细沙，以降低种猪肢蹄损伤的可能性；所装载猪只的数量不要过多，装得太密会引起挤压而导致种猪死亡；运载种猪的车厢隔成若干个栏圈，安排 4~6 头猪为一个栏圈，隔栏最好用光滑的钢管制成，避免刮伤种猪；达到性成熟的公猪应单独隔开，并喷洒带有较浓气味的消毒药（如复合酚等）或者与母猪混装，以免公猪之间相互打架。

3. 长途运输的猪，应对每头种猪按 1ml/10kg 注射长效抗生素，以防止猪群途中感染细菌性疾病，对于临床表现特别兴奋的种猪，可注射适量氯丙嗪等镇静针剂。

4. 长途运输的运猪车应尽量走高速公路，避免堵车，每辆车应配备两名驾驶员交替开车，行驶过程应尽量避免急刹车；应注意选择没有停放其他运载相关动物车辆的地点就餐，绝不能与其他装运猪只的车辆一起停放；随车应准备一些必要的工具和药品，如绳子、铁丝、钳子、抗生素、镇痛退热药以及镇静剂等。

5. 冬季要注意防寒保暖，可采取在车外覆盖帆布，车内铺垫稻草等措施；夏天要重视防暑降温，尽量避免在酷热的中午装猪，可在早晨和傍晚装运，同时车顶覆盖遮阳网；途中应注意经常供给饮水，有条件时可准备西瓜等解暑的水果供种猪采食，防止种猪中暑，并寻找可靠水源为种猪淋水降温，一般日淋水 3~6 次。

6. 运猪车辆应备有汽车帆布，若遇到暴风雨时，应将帆布遮于车顶上面，防止暴风雨袭击种猪，车厢两边的篷布应挂起，以便通风散热。

7. 长途运输可先配制一些电解质溶液，在路上供种猪饮用。运输途中要适时停歇，检查有无发病猪只。

8. 应经常注意观察猪群，如出现呼吸急促、体温升高等异常情况，应及时采取有效的措施，可注射抗生素和镇痛退热针剂，并用温度较低的清水冲洗猪身降温，必要时可采用耳尖放血疗法。

## 五、商品猪到场后应做的事情

1. 新引进的商品猪，应先饲养在隔离舍，而不能直接转进猪场生产，因为这样做极可能带来新的疫病，或者由不同菌株引发相同疾病。

2. 商品猪到达目的地后，在猪场大门外对运输车辆和商品猪进行消毒，然后进入卸猪台，立即对卸猪台、车辆、猪体及卸车周围地面进行消毒，然后将商品猪卸下，按大小、公母进行分群饲养，有损伤、脱肛等情况的种猪应立即隔开单栏饲养，并及时治疗处理。

3. 商品猪进入猪栏后，必须先给仔猪提供饮水，水中最好添加电解多维和黄芪多糖，以降低仔猪的应激。休息 6~12 小时后方可供给少量饲料，第二天开始可逐渐增加饲喂量，5 天后才能恢复正常饲喂量。商品猪到场后的前二周，由于疲劳加上环境的变化，机体对疫病的抵抗力会降低，饲养管理上应注意尽量减少应激，最好使用和原场同一品牌的饲料或从原场购买的饲料，并在饲料中添加抗生素（可用泰妙菌素 50mg/kg、金霉素 150mg/kg）和多种维生素，使商品猪尽快恢复正常状态。

4. 隔离与观察：商品猪到场后必须在隔离舍隔离饲养 10~15 天，严格检疫。特别是对蓝耳、猪瘟、伪狂犬病（PR）等疫病要特别重视，当引入数量较多时，最好采血经有关兽医检疫部门进行检测，确认没有细菌感染阳性和病毒野毒感染，并监测口蹄疫等抗体情况。

5. 商品猪到场一周后，根据猪群情况，应按本场的免疫程序开始接种猪瘟等各类疫苗，并做好各项记录。

6. 商品猪在隔离期内，接种完各种疫苗后，进行一次全面驱虫，使其能充分发挥生长潜能。在隔离期结束后，对该批种猪进行体表消毒，再转入生产区投入正常生产。

第四章

# 商品猪的育肥

# 一、猪的育肥方法

猪的育肥方法目前在我国主要有以下几种模式：

## （一）传统的饲养方法

传统的饲养方法是指我国劳动人民在小农经济的历史条件下，经过长期的生产实践，根据饲料资源的特点，为了多养猪、多积肥、养好猪，而创造出来的一套育肥方法，包括阶段肥育（吊架子）法和直线（一条龙）法。

1. 阶段肥育：是按生长肥育猪的营养需要，把整个肥育期划分为三个阶段，把少量精料放在仔猪和催肥阶段，在架子猪阶段，则充分利用青粗饲料，少用精料。

小猪阶段：从断奶（5kg 左右）到 20~30kg，饲养时间为 2~3 个月，此阶段小猪的日增重要求在 250~350g。此阶段的饲料以配合饲料、混合饲料饲养为主。

架子猪阶段：从体重 20~30kg 喂至 40~60kg，饲养时间为 4~5 个月，日增重 150~250g。此阶段以各种青绿饲料如各类蔬菜、野生草类、红花草等饲养为主。

催肥阶段：从 40~60kg 开始喂至宰杀为止，饲喂时间 2 个月左右，日增重在 500g 以上。此阶段以配合饲料、混合饲料饲养为主，可大量搭配红薯进行催肥。

2. 直线肥育法：是指从小猪到肥猪阶段的整个肥育期中，精料的使用量随体重增加，但饲粮的搭配仍按猪不同生理阶段的不同需要而定，即能量水平是逐步提高，蛋白质水平则是前高后低。

## （二）现代化的饲养方法

是以全价配合料为基础，实行科学的饲养方法，以提高经济效益，满足商品经济对养猪生产的要求。随着养猪场规模的扩大、外来品种饲养的普及，养殖者的饲养方法也发生了较大的变化，传统的饲养方法已经逐渐被淘汰，而使用现代的饲养方法（前催后吊肥育法）的养殖者越来越多。

# 二、影响猪育肥效果的因素

影响猪育肥效果的原因很多，在生产实际中主要有：

1. 品种和类型的影响。猪的品种很多，对肥育的影响很大。不同猪种对生长速度的影响差异较大。一般来说，在良好的饲养管理条件下，外来品种的生长速度明显好于本地品种或杂交品种，特别是经过高度培育的外来品种，如 PIC、斯格等品种，在育肥期的平均日增重可高达 1000g 以上，而本地品种的平均日增重在 400g 左右。

2. 经济杂交的影响。猪的品种或品系间进行杂交，利用杂种优势，是提高肥育的有效措施之一。通过杂交所得的后代，生活力强，增重快，肥育期缩短，饲料利用率提高，成本降低、可明显的提高养猪的经济效益，不同的杂交组合模式对猪的增重影响也是非常大的。大量实验表明，在猪的经济杂交中，杜长大、皮杜长大和一些专门化杂交品种如斯格、PIC 等的增重速度明显大于其他杂交组合。

3. 性别的影响。我国养猪生产实践证明，公、母猪经去势后肥育，性情安静，食欲增强，增重速度提高，脂肪沉积增强，肉的品质改善。猪去势后，性机能消失，异化过程减弱，同化过程增强，将所吸收的营养，能更多地利用到增膘长肉上来。

4. 仔猪初生重和断奶重的影响。一般情况下，仔猪初生重大，生活力就强，体质健壮，生长快，断奶重就大，肥育期增重就快，仔猪初生重、断奶重与肥育效果关系密切。故有“初生差一两、断奶差一斤、肥育差 10 斤” 的说法。所以，只有重视种猪的选择和饲养管理，加强仔猪培育，提高仔猪初生重和断奶重，才能为肥育打下良好的基础。

5. 营养水平和饲料种类的影响。猪的每一次增重，都来自饲料中的各种养分，包括能量、蛋白、维生素、矿物质等。饲料中的各种营养成分被猪消化吸收后，在猪体内重新分配到组织器官中，用于其生长发育，表现在体重的增加。营养水平对肥育影响极大，一般来说，肥育猪摄取能量越多，日增重越快，饲料利用率越高，屠宰率也越高，胴体脂肪含量也越多，膘越肥。

饲料是猪营养物质的直接来源，应有多种饲料配合才能组成营养全面的日粮。不同种类的饲料不仅影响猪的采食量，而且对猪的增重影响也较大，表现在料肉比差异增大。以饼粕类饲料而言，花生粕的适口性最好，豆粕次之，棉粕最差。

在相同蛋白质水平的前提下，含有动物蛋白的饲料对猪的增重效果明显优于不含动物蛋白的饲料。

## 三、提高育肥效果的方法

影响商品肉猪生产性能的因素很多，要提高其生产性能，必须从以下方面着手：

### （一）改良商品肉猪的遗传品质

商品肉猪生长速度的快慢，受遗传的制约，与品种品质有关。因此，选择生长速度快的品种或品系，并利用它们开展经济杂交，是提高肉猪生产性能的有效措施。为此：

1. 提高商品肉猪的始重和均匀度。在正常情况下，仔猪初生重和断奶重和肥育效果呈正相关，即仔猪初生重越大，则生活力强、体质强壮、生长发育迅速。哺乳期中仔猪个体大的，不但增重快，而且后期死亡率低。同批商品猪的均匀度对肥育效果影响也是很大的，如果均匀度一致，则生长速度一致，往往能达到“同进同出”。反之则差。

2. 选择优良的杂交猪。在猪的品种或品系中开展经济杂交，充分利用杂种优势，是提高养商品猪生产效果的有效措施之一。大型猪场以饲养外国引进的长白猪、大约克夏、杜洛克、汉普夏猪、皮特兰等猪种进行杜 × 长大，汉 × 长大三元杂交，或皮杜长大的四元杂交，其后代虽然对饲料条件要求较高，但日增重高，饲料利用率高，胴体瘦肉率60% 以上。产品可获得较好的价格和利润。

### （二）适宜的饲粮营养水平和实用的饲料配方

适宜的饲养水平对商品猪影响很大。改善饲粮结构，提供一适宜的营养水平，是提高的关键,亦即饲粮品质是基础。任何一个好的品种和经济杂交,都离不开这个物质基础,包括能量水平、蛋白水平、矿物质水平、粗纤维水平、合理的日粮组成、实用的饲料配方等。饲养水平不仅影响猪的增重速度和饲料利用率，而且对胴体瘦肉率也有一定的影响。在总结国内外有关资料后得出：日采食量大致每减少 10% 可提高瘦肉率 1%~1.5%。但对于瘦肉型猪也不宜限食过多，以免影响肌肉生长。

## （三）适宜的环境条件

猪的机体和环境之间时刻都在进行着物质和能量的交换，在正常情况下，猪体和环境经常保持着动态的平衡，形成集体和环境的统一，猪只快速健康的生长。如果环境发生变化，猪与环境的平衡就会破坏，猪机体产生抗逆反应，以求达到新的平衡，猪的生命活动也达到正常，猪的这种能力称为抗应激能力。但这种能力有一定的范围，当环境变化较大，超出了猪的耐受能力，猪通过自身的调节还难以克服时，就会导致生产性能的下降，甚至死亡。因此，提供一个适宜的环境条件，是提高商品肉猪生产性能的有效措施。

1. 适宜的环境温度和湿度

（1）温度。猪是恒温动物，在正常情况下，体温为 38.7℃，主要通过机体产热和散热来保持平衡，当温度变化在一定范围内时，猪能借助自身调节来维持体温平衡，这种温度范围又叫“等热区”，在此范围内，猪感到舒适，且无须增加额外的能量来调节温度。因此，商品猪的增重速度快、饲料利用率和抗病力都高，高温条件下，猪食欲下降，采食量减少；低温条件下，采食量增加，热量散失大。

猪的品种、年龄和体重大小的不同，对温度的适应能力也不同。一般瘦肉型的比脂肪型的抗热性能好；体重大的由于表面积小利于保温，耐寒不耐热，体重小的表面积大，容易散热。育肥猪的适宜温度为：

$$T=-0.06\times W+26$$

其中：T 为适宜温度，W 为体重（kg）

环境温度对脂肪沉积的影响大于对蛋白质沉积的影响，过高或过低的环境温度对脂肪和蛋白质的沉积都不利。据报道，适于蛋白质沉积的温度是 18~20℃，为育肥猪创造适宜的环境温度可提高胴体的瘦肉率。

（2）湿度。空气湿度一般与温度共同对猪产生影响，猪的适宜湿度为 45%—65%。在适宜的温度下，空气湿度从 30%—80% 对猪的影响都较小。但在高温条件下，高湿度的导热性强，显得更加闷热，影响猪体散热，降低机体热平衡调节机能，故高温高湿会严重影响猪的生长发育。当低温高湿时，由于潮湿空气的导热性和热容量大，故猪的散热加快，不利于猪的生长。同时，高湿条件下，猪的抵抗力下降，发病率上升、死亡率加大，患皮肤、呼吸道、风湿症等疾病机会加大。当湿度过于干燥时，猪的皮肤和外露黏膜容易发生干裂。

2. 适宜的光照

分人工光照和自然光照。经常接触光照，可增进新陈代谢、促进血液循环、可使皮肤中的 7- 脱氢胆固醇变成维生素 $D_3$，从而保证机体正常的钙磷代谢，促进骨骼生长，提高生长发育速度。同时紫外线可被细胞原浆吸收，甚至进入细胞核，引起细胞蛋白质分子发生化学分解作用，蛋白质变性和凝固，故具有杀死细菌、病毒等作用，是红细胞增加，血红蛋白、嗜中性白细胞增加，从而增强杀菌力和免疫力。光照还能使机体氧化过程加强，对脂肪的沉积有减慢作用，故有利瘦肉生长。但光照过强，容易引起皮肤炎，对角膜和结膜有不利影响。

3. 适宜的通风

在炎热季节，通风有利于对流散热和蒸发散热，特别在高温高湿条件下，通风对商品猪增重影响较大。因此，在夏季加大通风量是有明显效果的，必要时，可使用机械通风，此时流速为 2m/s。冬季则要降低通风量，此时流速为 0.1—0.2m/s。

4. 适宜的化学环境条件

只要指猪舍内的 $NH_4$、$H_2S$、CO、$CH_4$ 等的含量，其中危害最大的是氨和硫化氢。

畜禽舍内的有害气体对畜禽的影响是长期和连续的，轻则降低商品猪的增重速度和饲料报酬，重则引起商品猪死亡。为改善条件，必须及时清除栏内粪便，辅以垫草，保持合理的通风条件。

在商品猪生产中，氨的浓度应控制在 20ppm、硫化氢则是 6.6ppm 以下比较理想。

## （四）减少舍中的尘埃和微生物

1. 灰尘。猪舍中的灰尘少部分是大气带入，主要是饲养管理工作所引起的，如打扫卫生、分发饲料、刷拭猪体，而这些灰尘大多数是有机性质的。灰尘落在体表上，可与皮脂腺的分泌物以及细毛、皮屑、微生物等混在一起，粘在皮肤上，使皮肤发痒、发炎，同时由于汗腺和皮脂腺管道堵塞，使散热功下降，并堵塞呼吸道。易造成猪只发生肺炎和支气管炎。因此，猪场四周植树、使用干料湿喂、保持通风良好、禁止在干扫猪舍和栏内刷拭猪只就显得特别重要。

2. 微生物。猪舍中的微生物比外界高得多，其中包括大量的病原微生物，由于舍中灰尘和飞沫较多，他们常常粘在一起，四处飘浮，传播各种疾病，引起传染病的爆发。因此，选好场址、全面消毒、保证通风、严禁非生产人员进入猪场是减少微生物的有效办法。

### （五）适宜的肥育方法

长期以来，我国养猪的以小农经济饲养方法，是把猪当作一种副业来经营，采取阶段育肥法（吊架子育肥法）和直线育肥法（一贯加强育肥法、一条龙育肥法），是为了达到“猪多肥多粮多”的目的，遵循一种所谓的“养猪不挣钱，回头看农田，杀猪为过年”的饲养模式。但随着商品经济时代的到来，人民生活水平的提高，养猪的模式发生了改变。为提高养猪的经济效益，大多数养殖场都采取了现代化的饲养方法，猪的生长速度明显提高、饲料利用率明显改善、猪的胴体瘦肉率也明显提高。商品猪的生产要求是生长速度快、饲料利用率高、胴体瘦肉率高、劳动强度大、以最少的投入获得最大的经济效益。因此，其饲养模式为“前催后吊”肥育法，即在不同的阶段，满足猪生长发育所需要的各种营养物质，使猪快速生长；在肥育后期，适当控制饲料营养水平和饲料喂给量，以控制猪的快速长膘。能量水平“逐步提高”，蛋白质水平为“前高后低”。饲养方法的不同，猪的外形也发生了根本性的改变。（见图 31、图 32）

图 31　传统养猪

图 32　现代养猪

### （六）合理安排去势、防疫和驱虫的时间

1. 去势。对商品猪而言，一般公猪在 15~40 日龄去势，母猪不去势。去势的时间越早，刀口越小、对商品猪的影响也越小。故去势的时间越早越好。

2. 防疫。商品仔猪出生后，在不同的日龄注射各种不同的疫苗，以防止各种传染病的发生。猪场一般应该根据自身的实际情况，建立自己猪场的免疫程序，各种疫苗按免疫程序进行接种，同时考虑自己和周边猪场的实际情况，有针对性地调整免疫程序，以保证商品猪生产的安全。

3. 驱虫。除春秋两季的常规驱虫外，商品猪每转群一次，即断奶转保育、保育转小猪、小猪转中猪、中猪转肥猪时要采起一次驱虫，以减少猪体内外寄生虫，提高其增重速度和饲料利用率。

## （七）合理调制饲粮和适宜的饲喂方法

1. 饲粮调制。饲粮调制的目的是要缩小饲料容积、增进适口性、提高利用效益。在加工调制过程中，要注意搭配的多样化，充分考虑氨基酸的平衡——理想蛋白，同时考虑饲粮的形态，一般来说颗粒料优于碎粒料，碎粒料优于粉料，湿料优于干料。料水比以 1∶1 最好。

干喂：优点省工，易掌握喂量，能保持室内的清洁干燥，剩料不易腐烂或冻结。缺点是糟蹋饲料较多，对猪呼吸系统有影响。

湿喂：优点是便于采食，浪费饲料少，并可减少饮水次数。

2. 适宜的饲喂方法。自由采食和限制饲喂两种方法各有优点。自由采食增重速度快、胴体背膘厚，限制饲喂饲粮的利用率高、胴体背膘薄。因此，要根据生产上的实际情况采用不同的饲喂方法。而饲喂次数应根据饲粮形状、日粮的营养物质浓度、猪的年龄和体重决定。一般刚断奶的 5~6 次 / 天，小、中猪 3~4 次 / 天，肥猪 2~3 次 / 天。就饲喂量而言，一般早、晚多喂，中午少喂。

## （八）适宜的猪群规模和饲养密度

1. 猪群规模。就商品猪场而言，适宜的猪群规模，也是提高商品猪生产效益的有效措施，如果猪群规模较小，栏舍的利用率低，同时劳动生产率低；如果规模过大，往往造成生产管理上的不利。故在一般商品猪场，应控制在年生产商品猪 2000~3000 头是比较适宜的，如果管理水平高，可生产商品猪 10000 头或以上。每一群头数的多少，应根据猪舍条件、圈养密度以及饲养方式而定，在自然的饲养管理下，每群以 10~20 头为宜，在良好的条件下，每群不超过 50 头。群体数量过大，往往造成猪的交锋次数增多，影响猪的休息和增重速度。

2. 饲养密度。密度过高，局部气温升高，猪的食欲下降、采食量减少，同时环境变得恶劣、降低猪的增重和饲料利用率。一般商品猪的密度为每头 0.8~1.0m$^2$，以保证每头猪有足够的采食和休息空间（见图 33）。

不同阶段每头猪与饲养空间关系的参照表

| 体重（kg） | 圈栏面积（m$^2$） | 排污区面积（m$^2$） |
| --- | --- | --- |
| 35 | 0.3–0.5 | 0.2–0.3 |
| 75 | 0.6–0.7 | 0.3–0.4 |
| 100 | 0.8–1.0 | 0.5–0.6 |

图 33　适宜的密度

## （九）适宜的屠宰上市时间和体重

肥育猪在不同体重屠宰，其胴体瘦肉率不同，控制适宜的体重进行屠宰，可提高商品猪的胴体瘦肉率。关于肥猪何时销售，要考虑以下几个方面：

1. 肥育期的日增重及料肉比情况；

2. 要根据市场行情而定；

3. 要考虑屠宰率及胴体瘦肉率。

肥育猪以多大体重屠宰为宜，既要考虑胴体瘦肉率，又要考虑综合经济效益。一般大型猪可在 100 kg左右屠宰，中小型猪可在 75~85 kg屠宰。

# 四、商品肥猪的饲养管理

## （一）饲喂营养平衡的日粮

NRC（1998）公布的猪营养需要标准是猪营养需要的最好指南。生长猪（20~50kg）的日粮要含13.39MJ的消化能、16%的蛋白质、0.80%的赖氨酸、0.70%的钙和0.65%的磷。

肥育猪（50~110kg）的日粮要含13.39兆焦的消化能、14%的蛋白质、0.65%的赖氨酸、0.65%的钙和0.55%的磷。

与传统的饲养方式（如户外放养，图34）相比，舍饲条件下（图35）的现代瘦肉型猪需要营养更加全面和平衡的高质量日粮，尤其是维生素和矿物质的需要显得更加突出，日粮中适宜的钙磷比例为1.5∶1，如果日粮中钙超量将导致生长迟缓和饲料利用率低。另外，出栏猪饲喂高钙量日粮将引起中度锌缺乏症和副皮炎症。

图34　户外放养

猪很难消化粗纤维，并影响日粮中营养成分的吸收。现代瘦肉型猪种的生长速度快，耐受不了粗饲和低营养水平的日粮，而我国地方猪对日粮粗纤维的消化率较高，达74.2%。瘦肉型猪一般认为生长育肥猪日粮中粗纤维含量在5%~6%为宜，经研究证明中国地方猪的生长肥猪日粮粗纤维最高指标不应超过16%。

图35　圈舍饲养

### （二）避免使用适口性差和有毒的日粮

避免适口性差的饲料，特别注意谷物饲料混有草籽。避免日粮中含有有毒物质，如双低油菜籽中的葡萄糖异硫氰酸盐、棉籽中的棉酚、蚕豆中的血凝素等。霉菌毒素含有多种化合物，它通常以霉菌生长的形式在谷物中存在，其中黄曲霉毒素的含毒素量高，对猪的危害最大。所以要避免使用发霉的饲料。

### （三）注意性别的影响

公猪与小母猪分圈饲养已成为标准的饲养方式，因为，生长速度：公猪 > 去势公猪 > 小母猪。饲料利用率：公猪 > 小母猪 > 去势公猪。胴体瘦肉率：公猪 > 小母猪 > 去势公猪。

去势猪的脂肪沉积速度比小母猪快，因此出栏体重较轻。小母猪的瘦肉率比较高，它们可以在较大体重时屠宰。由于小母猪将蛋白转化为瘦肉组织的能力比去势猪强，应该饲喂高赖氨酸含量的日粮。

### （四）考虑猪的采食量

猪在生长阶段最大限度地自由采食是促进猪生长的最重要因素之一，也就是说影响猪生长速度、饲料利用率和胴体质量的一个主要因素是饲料摄入。当饲料摄入量增加，日增重也相应做出反应。

猪的生长速度取决于日粮中能量和蛋白质的摄入量。饲料的浓度越高，猪增重所需的饲料量越少，饲料转化率越高。较高的饲料利用率来自高的生长速度。

### （五）适宜的饲喂方法

全价配合饲料的加工调制一般而言，分为颗粒料、干粉料和湿拌料三种饲料形态。颗粒饲料在增重速度和饲料转化率都比干粉料好。大量研究证明，颗粒料可使每千克增重减少饲料消耗 0.2kg。

1. 干喂法。通常有两种作法：第一种是使用自动料箱不限量饲喂；第二种是限量饲喂方法（见图 36），常常将料撒在地面，每日喂数次。现代瘦肉型猪种具有快速生长和瘦肉率高的遗传潜力，建议从断奶到出栏采取自由采食的饲喂方式。对于后备种猪，在生长后期适当采用限量饲喂法，有利于提高种用价值。

图 36　自动料箱自由采食

2. 干湿料饲喂。集约化养猪使用的干湿料饲喂器是自由采食的喂料器，在相同的地点既提供饲料，也提供饮水（见图 37）。这种饲喂器具有降低粉尘、减少饲料和水的浪费，以及增加饲料摄入量的优点。湿喂优于干喂。

图 37　干湿料饲喂器

干湿料饲喂器有多种类型。例如，在料槽上部安置咬式乳头状饮水器，猪饮水时，溢出的水流入料槽中的饲料里，成为湿拌料。另外，还有由计算机控制的液体饲喂系统，在养猪业发达国家使用较多。

### （六）创造适宜的环境条件

1. 适宜的温度和湿度。猪自身调节体温的能力差，只有极少的汗腺可以在热天进行调节，也只有极少的被毛抵御冬季的寒冷。因此，猪舍必须具有良好的隔热保温效果，并且用通风系统进行调控。温度和湿度保持在适宜的范围，使猪感到舒服，才能获得高的生产性能。

试验研究证明，生长育肥猪的最佳温度是 20℃。当温度降低，猪被迫多吃，采食能量中的大部分将用于产热，而不是产肉。如果温度过高，猪采食量下降。俗话说："小猪怕冷，大猪怕热"，这表明不同体重的肉猪要求最适宜的温度是不一样的。研究证明 11~45kg 的猪最适宜温度是 21℃，而 45~100kg 的猪最适宜的温度是 18℃，135~160kg 猪最适宜的温度是 16℃。

当外界环境温度高于 30℃时，就应采取降温措施（见图 38），打开排风系统，喷洒凉水或加喂青绿多汁饲料。当舍内温度低时应采取升温措施来保持适宜温度，如提供暖风等。舍内温度对生长育肥猪的影响，是与湿度相关的，获得最高日增重的最适宜温度为 20℃和相对湿度为 50%。在最适宜温度条件下，湿度大小对增重和饲料利用率的影响较小。湿度的高低与其他环境因素有关，并有可能造成疾病而间接影响增重速度。

图 38　猪舍空调

图 39　通风设备

2. 通风换气。集约化高密度饲养的生长育肥猪一年四季都需通风换气（见图 39），通风可以排除猪舍中多余的水汽，降低舍内湿度，防止围护结构内表面结露，同时可排除空气中的尘埃、微生物、有毒有害气体（如 $NH_3$、$H_2S$、CO 等），改善猪舍空气的卫生状况。夏季加强猪舍通风可缓解高温对猪的不良影响，是有效的防暑措施。但是在冬季必须解决好通风换气与保温的矛盾，不能只注意保温而忽视通风换气，这会造成舍内空气卫生状况恶化，使肉猪增重减少和增加饲料消耗。在华北地区中午打开风机或南窗，下午 3~4 时关风机或窗户，就能降低舍内湿度增加新鲜空气。密闭式肉猪舍要保持舍内温度 15~20℃，相对湿度 50%~75%，冬、春、秋空气流速应为 0.2m/sec，夏季 1.0m/sec，每头肉猪每小时换气量冬季为 $45m^3$，春秋季为 $55m^3$，夏季为 $120m^3$。

3. 合理的饲养密度。饲养密度过大会明显地影响猪的生产性能。一般认为，每 10kg 体重至少应有 $0.1m^2$ 的地面面积（见图 40）。不同生长阶段每头猪应有的圈养面积（部分漏缝地板）为：<25kg 为 $0.25m^2$、25~50kg 为 $0.50m^2$、50~75kg 为 $0.70m^2$ 和 75~100kg 为 $0.85m^2$。

图 40　合理的饲养密度

4. 适宜的猪群数量。在每头猪相同的圈养面积条件下，不同的猪群数量也会影响饲养效果（见图 41）。有人比较了每圈 8~16 头猪与 16~32 头猪的生产性能，发现前者明显优于后者。在舍饲的条件下，较小组的性能有明显的提高，这是因为咬尾和争斗的现象减少了。

图 41　适宜的猪群数量

采用原窝饲养可以避免咬尾、争斗等现象，原窝猪在哺乳期就已形成的群居秩序，生长育肥期仍保持不变，这对生产极为有利。但在猪种整齐度稍差的情况下，难免出现些弱猪或体重小的猪。这样就要把来源、体重、体质、性格和吃食等方面相近似的猪合群饲养。同一群猪个体间体重差异不能过大，在小猪（前期）阶段群内体重差异不宜超过 2~3kg。分群后要保持群的稳定，除因疾病或体重差别过大，体质过弱不宜在群内饲养加以调整外，不应任意变动。

另外，合群并圈也应在夜间进行，要加强管理和调教，避免或减少咬斗现象（见图 42）。

图 42　咬斗现象

### （七）充足的清洁饮水

猪缺水或长期饮水不足，会使猪的健康受到损害，当猪体内水分减少 8% 时，即会出现严重的干渴、食欲丧失、消化功能减缓，并降低对疾病的抵抗力。水分减少 10% 时就会导致严重的代谢失调，水分减少 20% 以上时即可引起死亡。高温季节的缺水要比低温时更为严重。

生长育肥猪的需水量是采食风干料的 3~4 倍，即体重的 16% 左右，夏季可增加 50%，约占体重的 23%，冬季可减少 30%，即体重的 10% 左右。

### （八）良好的管理

要善待猪，厌恶或粗暴地对待会影响猪的行为和生产力。猪遇到了粗暴的对待，增加了对人的恐惧感，不愿意接触人们，长期处于应激状态，导致生产力下降。

### （九）妥善安排防疫和驱虫

预防猪瘟、猪丹毒、猪肺疫、仔猪副伤寒、口蹄疫和病毒性痢疾等传染病，必须制定科学的免疫程序和预防接种。做到头头接种，对漏防猪和新从外地引进的猪只，应及时补接种（见图 43）。新引进的猪种在隔离舍期间无论以前做了何种免疫注射，都应根据本场免疫程序进行接种各种传染病疫苗。

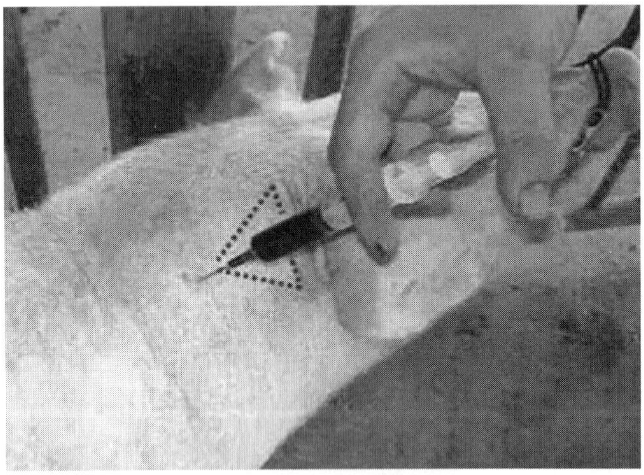

图 43　接种疫苗

在集约化养猪生产中，仔猪在育成期前（70 日龄以前）各种传染病疫苗均进行了接种，转入生长育肥猪后到出栏前勿须再进行接种，但应根据地方传染病流行情况，及时采血监测各种疫病的效价，防止发生意外传染病。

生长育肥猪寄生虫主要有蛔虫、姜片吸虫、疥螨和虱子等，通常在 90 日龄时进行第一次驱虫，必要时在 135 日龄左右时再进行第二次驱虫（见图 44）。驱除蛔虫常用驱虫净（四咪唑），每千克体重为 20mg；丙硫苯咪唑，每千克体重为 100mg，拌入饲料中一次喂服，驱虫效果较好。驱除疥螨和虱子常用敌百虫，每千克体重 0.1g，溶于温水中，再拌和少量精料空腹时喂服。

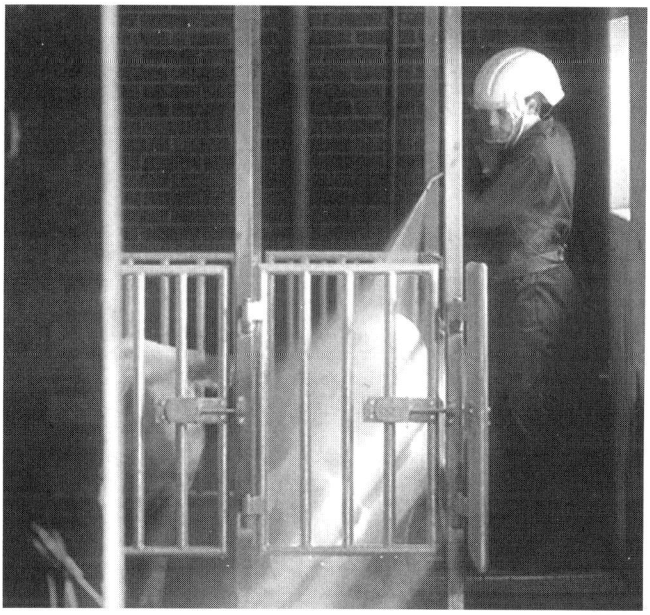

图 44　喷雾控制螨虫

# 第五章

# 养猪过程中的清洁生产

养猪业清洁生产是21世纪养猪业发展的新模式，是实现养猪业可持续发展的根本手段和有效途径之一。清洁生产是实施可持续发展的一项基本策略，它要求对生产过程和产品污染实施综合防治战略，包括了产品从生产到消费全过程为减少风险所采取的具体措施。

随着经济建设的发展，我国人民生活水平进一步提高，对畜禽肉类的需求量加大。尤其是进入20世纪90年代，全国各地规划建立“菜篮子工程”以来，畜禽养殖业经过十多年的快速发展，已成为一个独立的行业，取得了世人瞩目的成就，2012年出栏肉猪69628万头，存栏47492万头，2013年出栏肉猪7.2亿头，这些肉猪在满足人民对猪肉需要的同时，也带来了不容忽视的环境污染问题，包括粪便、污水、死尸等对环境的破坏。因此应全方位综合考虑养猪业领域的生产，在提高产量的同时注重对环境的保护，减轻养猪业生产活动对环境的危害，把清洁生产观念应用于养猪业生产中。作为农业生产重要组成部分的养猪业生产，实现清洁生产不仅可以给人类提供安全、健康的次级生产产品，还能促进生态系统物质良性循环。搞好养猪业清洁生产不仅可以带动农业的发展，而且还能促进工业，甚至是整个社会的发展。

养猪业清洁生产是农业清洁生产的重要组成部分，它是按可持续发展的观念，把清洁生产的观点引入养猪业生产中，对养猪业生产中政府、企业、养殖户和其他相关方面在清洁生产中应发挥的作用提出具体的要求，旨在减少废物和污染物的生成和排放，促进养猪业的生产、消费与环境相容，降低整个养猪业生产活动对人类和环境的风险，实现社会和环境的可持续发展。养猪业清洁生产的目的除了合理利用自然资源与减少废物的排放和对环境的污染外，还包括为人类提供安全、健康、无污染的绿色畜禽产品。

在养猪生产过程中，实现清洁生产主要从以下几个方面出发：

## 一、科学确定合理的饲养规模

在筹建养殖场时应结合投资规模、区域特点等确定合理的饲养规模。饲养规模过大，对畜禽排泄污染物的处理量加大，增加投资成本，一旦不能处理好，对环境的污染就非常严重。饲养规模过小，饲养设备的投入相对减少，无法保证对畜禽排泄污染物的处理。

一般猪场存栏大于6000头为大型猪场，3000—6000头为中型猪场，小于3000头为小型猪场。

养猪生产的适度规模，是指在一定的社会条件下，养猪生产者结合自身的经济实力、生产条件和技术水平，充分利用自身的各种优势，把各种潜能充分发挥出来，以取得最好经济效益的规模。一个养猪场（户），在确定养猪规模的时候，都要把经济效益放在首要位置进行考虑，养猪规模太小了不行，但也不是规模越大越好，要以适度为宜。

一般养猪专业户规模。条件较好的以年出栏育肥猪50~100头的规模为宜，条件一般的以年出栏育肥猪30~50头的规模为宜。这样的养猪规模，在劳动力方面，饲养户可利用自家劳动力，不会因为增加劳动力而提高养猪成本。

大型养猪场应以年出栏育肥猪1万头的规模为宜。在目前社会化服务体系不十分完善的情况下，这样的养猪规模可使养猪生产中出现的资金缺乏、饲料供应、饲养管理、疫病防治、产品销售、粪尿处理等问题比较容易解决。总之，确定规模时，一定要从实际出发，确定适合自己的养猪规模。发展初期，最好因地制宜、因陋就简，采取“滚雪球”的方法，由小到大逐步发展。

## 二、选择优良品种猪

对促进养猪业发展的贡献率中，品种改良（遗传育种）占40%，饲料和各饲养管理占20%，疫病防治占15%，其他占5%。由此可见良种在养猪业中的作用和地位是其他因素不可替代的，由于猪的生长速度快、饲料利用率高，排泄物减少，因此对环境的污染减少。

改革开放以来，我国养猪业的持续发展得益于良种，目前与发达国家的差距也主要在于良种，今后养猪业的发展和结构调整更依赖于良种。所以建立配套完善的畜禽良种繁育体系，培育、推广、利用外来或本地猪中的优良品种，提高良种化程度，对于减少资源浪费、减少排放、减少污染，促进养猪业向高产、优质、高效转变及持续稳定发展，具有重要的意义和作用。我国各地先后从国外引进大批的瘦肉型种猪，因引入的国家和时间不同，生产性能表现各异。近些年，一些畜牧企业盲目从国外大量引进种猪，使我国种猪年平均进口量从2000年至2007年间的2100多头，到2008年达到近1.2万头，

2012年高达1.8万多头。目前国内饲养的生猪中，基本被杜洛克、大约克夏、长白、汉普夏、皮特兰、PIC、斯格等几个国外种猪垄断，所占比例超过90%。由于未经驯化直接推向市场（所谓的第一代），导致生猪养殖效率低下，且给我国生猪产业带来重重隐患。首先，养殖成本增加，“洋猪”死亡率高，成为我国生猪养殖成本上升的一大推手。一年死30头就得净亏上万块饲料钱，这些都得摊入养猪成本。一些养猪强国养猪成本在人民币10元/公斤左右，而我国由于生猪存活率低，养殖成本高达14元/公斤；其次带入疫病，面对引进国外种猪带来的丰厚短期利益，国内不少种猪场争相引进，一些猪场难以通过正规途径引种，便通过走私等方式引进。由于种猪引进渠道杂乱，不少种猪活体或冻精引进未经过国家检疫，加剧了蓝耳病、圆环病毒病等生猪疫病的传播；第三是容易与人争粮。长期以来，我国猪与人争粮的矛盾始终存在。国内传统的农副产品和分散式饲养模式，由于饲料的营养价值和转化率不及玉米、豆粕和鱼粉，国外猪种难以适应。而适宜玉米－豆粕型饲养的国外猪种，在国内规模化养殖后，带来的是玉米等粮食需求的激增。

## 三、充分利用杂种优势

实践证明，猪的品种或品系间进行杂交，利用杂种优势，是提高肥育的有效措施之一。通过杂交所得的后代，生活力强，增重快，肥育期缩短，饲料利用率提高，成本降低、可明显的提高养猪的经济效益，从而降低对环境的污染。例如，商品猪生产使用三元杂交、四元杂交不但提高了饲料的利用率，还提高了瘦肉率，降低了发病率。目前我国主要推荐的杂交模式包括杜长大、皮杜长大、PIC、斯格等杂交猪或地方品种和外来品种的杂交猪。开展杂交应注意：

（1）对父本猪种的要求。要突出其种性的纯度，要求其生长速度和饲料报酬的性能要高，性状要突出膘薄、瘦肉率高、产肉量大，眼肌面积及大腿比例都比较高。

（2）对母本猪种的要求。特别要突出繁殖力高的性状特点，产仔数、产活仔数、仔猪初生重、仔猪成活率、仔猪断奶窝重、泌乳力和护仔性等性状都比较良好。由于杂交母本猪种需要量大，故还需强调其对当地环境的适应性。

## 四、不同的猪种要用不同的全价饲料

不同的猪种要用不同的全价饲料，以满足其不同种类、年龄、性别、生产性能和生理机能对能量、蛋白质和各种营养物质的需要。猪全价配合饲料以节约劳动成本、省时省力、营养平衡、提高 5%–8% 的饲料利用率，从而减少对环境的污染。由于全价配合饲料冬季含量水分在 14% 以下，夏季水分含量为 12% 左右，而且全价配合饲料可消化蛋白高，氨基酸平衡，再加上夏季温度高，因此对水的需求量就更大。一般肥猪（50~100kg）日需水量在 8~10kg/ 头，而哺乳母猪的日需水量在 25~35kg/ 头，为减低污染就必须保证猪只每日的饮水量，以提高猪的生长性能。影响猪日饮水量的因素：

1. 水的流量。与水的压力有关。如果水压力小，饮水器每分钟水的流量不能达到 0.8~1kg，就满足不了猪的需要。解决的办法：提高水箱的高度、安装加压泵。

2. 水的温度。如果室温低于 10℃，水又没有做预热处理，会导致猪饮水量明显减少。

3. 饮水器的高度。饮水器一定要设在略高于猪的背部的位置，保证猪是仰头喝水，才能让猪喝到充足的水。有很多养殖场（户）只考虑了仔猪时猪能够喝到水，而忽略 60kg 以后水嘴过低的问题。目前猪舍通常为一高一低两条水线，饮水器高度为 40~60cm 适用于体重 30~50kg 的猪只，饮水器高度为 60~75cm 适用于 50~100kg 的猪只。

4. 水质的好坏。如水中矿物质含量过高或有异味都会影响摄水量。由于猪的水料比是 3：1，饮水量不足，导致日采食量减少，日增重降低，猪只出栏时间延长。有些养殖户看到出栏时间延长，猪只生长缓慢，直接反应是饲料的质量不好。但经过计算料肉比，一般在 2.6~2.7：1，增重成本不高。近年在养猪过程中发现，因为水质差或饮水器问题导致猪饮水量不足，进而采食量低的现象非常多。

此外，在实际生产中应当采用分阶段和按性别饲喂，多阶段饲喂可提高饲料转化效率约 7%。除此之外，采用干湿饲喂器被认为是减少饮水和饲料浪费、改善动物健康和提高其增重的最好办法。液体饲喂系统可以准确控制饲料和饮水的比例，减少水浪费。

## 五、实行科学的限饲技术

根据猪的不同生长段和不同的生产目的，限制采食时间、采食数量、采食质量等方法，使养猪达到预期的要求，以确保猪的高产性、减低污染。

仔猪在奶后控料可以减少腹泻、降水肿病的发生，提高成活率。在妊娠早期母猪日喂 1.5~1.8kg 饲料，不仅有利于提高产仔数，而且对于节能减排具有重要的作用。对商品肥猪而言，一般来说自由采食，多吃快长，只要不拉稀，可减少猪生命存续期消耗，缺点是饲料消化吸收率差点，需要用消化吸收好的料和要加促长药。限饲可提高饲料消化吸收率高点，缺点是人工难控量，会限制长势强的猪生长。

## 六、严格执行免疫程序，做好猪只保健、驱虫工作

发病猪应及时治疗，坚决反对滥用药物和疫苗来维持畜体健康。应严格执行清洁、消毒制度，尽量避免寄生虫病、传染病的发生和传播，力避致残性伤害。猪场要设有一套通用的免疫程序和保健计划，最好的做法是根据本场的疫病实际发生情况，考虑猪场所在地区的疫病流行特点，结合猪群的种类、年龄、饲养管理、母源抗体的干扰以及疫苗的性质、类型和免疫途径等各方面因素和免疫监测结果，制定适合本场的免疫程序和保健计划。制定免疫程序时应重点考虑：

1. 首免时间的确定。首免时间要根据疫病发生规律、母源抗体水平和疫苗产生抗体的时间来综合分析确定。不同的疫病有不同的流行规律，有的疫病各种品种、年龄和性别的猪均可感染，而有的疫病只危害一定年龄阶段的猪，有的传染病一年四季均可发生，有的传染病发生有一定季节性。因此，应依据不同疫病发生的不同生长阶段和季节，结合疫苗产生抗体的时间确定免疫时间，在疫病发生前达到有效免疫水平。

2. 母源抗体干扰。新生仔猪通过吸吮初乳直接吸收母源抗体，可获得对某种疾病的抵抗力，此抗体会对相应疫病的免疫产生影响，但也会不同程度地干扰弱毒疫苗的免疫效果。仔猪初次免疫接种前，应了解母猪群的免疫状况，进行母源抗体检测，应按母源抗体的消长情况选择适宜的时机，最好选定在母源抗体不会影响疫苗的免疫效果而又能防御病毒感染时段。如果接种过早则母源抗体水平过高，中和抗原，导致免疫失败；过晚则母源抗体水平过低，出现没有保护力的免疫空白期，加大传染病发生的风险。

3. 免疫次数。免疫接种的次数，应根据免疫接种后产生免疫力的强弱、免疫应答能

力的高低、免疫力维持时间的长短、当地疫病流行的状况和生产需求的不同等因素来确定。另外根据免疫学的原理，许多疫苗经两次以上的重复接种，才能达到最佳的免疫效果（如口蹄疫、伪狂犬并乙型脑炎等疫苗）。

4. 选择合适的疫苗弱毒疫苗、灭活疫苗、单价苗、多价苗、联苗、基因工程苗等不同性质的疫苗和不同厂家不同质量的疫苗，其产生免疫所需时间、免疫期的长短、免疫途径、免疫效果和接种反应等均不相同。接种疫苗必须有针对性，合适的疫苗能刺激机体尽快产生免疫力。因此，应根据实际情况选择合理的疫苗类型、合理的免疫途径，达到较好的免疫预期。万一免疫程序发生冲突，非必须免疫必须让步，以保证必须免疫的完成，也可以将免疫程序稍做微调。病毒性活疫苗和灭活苗可同时分开使用，两种细菌性活疫苗可同时使用。一般应采用弱毒疫苗和油佐剂灭活疫苗搭配使用，以建立局部免疫和全身免疫，达到综合预防的目的。

5. 免疫途径。接种疫苗的途径有注射、饮水、滴鼻等，应根据疫苗的类型、疫病特点及免疫程序来选择每次免疫的接种途径。合理的免疫途径可以刺激机体快速产生免疫应答，而不合适的免疫途径可能导致免疫失败和造成不良反应，同种疫苗采用不同的免疫途径所获得的免疫效果是不一样的。

6. 不同疫苗之间的干扰与接种时间的科学安排。将两种或两种以上无交叉反应的疫苗同时免疫接种时，机体对其中一种疫苗的免疫应答降低，因此，为保证免疫效果，对当地比较流行的传染病最好单独接种，同时在产生免疫力之前不要接种对该疫苗有拮抗作用的疫苗，特别要提出的是，在免疫接种后，如果猪场短期内感染了病毒，由于抗原（疫苗）竞争，机体对感染病毒不产生免疫应答，这时的发病情况有可能比不接种疫苗时还要严重，例如猪繁殖与呼吸障碍综合征活疫苗影响猪瘟活疫苗的免疫应答。

## 七、提供适宜的环境条件

猪的机体和环境之间时刻都在进行着物质和能量的交换，在正常情况下，猪体和环境经常保持着动态的平衡，形成集体和环境的统一，猪只才能快速健康的生长。如果环境发生变化，猪与环境的平衡就会破坏，猪机体产生抗逆反应，以求达到新的平衡，猪的生命活动也达到正常，猪的这种能力称为抗应激能力。但这种能力有一定的范围，当环境变化较大，超出了猪的耐受能力，猪通过自身的调节还难以克服时，就会导致生产性能的下降，甚至死亡。

## 八、加强猪场粪污处理设施建设

畜禽粪污处理设施（防渗堆粪场、沼气池、化粪池、沉淀池、酸化池、发酵池、暴氧池、生物塘等）建设必须与养殖场工程同时设计，同时施工，同时投产使用。养殖场雨污分离，禁止使用水冲清粪方式。大力推广干湿分离、粪便制肥、节水养殖、废水回用、沼气净化、沼液施肥、种养结合、设施配套等技术。

# 附：各阶段猪的日粮参考配方

## （1）15~30千克仔猪的饲料参考配方

【配方1】玉米60，豆粕26.7，麦麸9.3，预混料4。

【配方2】玉米61.9，豆粕22，鱼粉3，麦麸9.5，预混料4。

【配方3】玉米60，豆粕24，棉粕3，麦麸9，预混料4。

【配方4】玉米60.2，豆粕24.8，菜粕2，麦麸9，预混料4。

【配方5】玉米60.5，豆粕23.3，棉粕2，菜粕2，麦麸8.2，预混料4。

【配方6】玉米61.7，豆粕21，棉粕1.8，鱼粉2，菜粕1.5，麦麸8，预混料4。

【配方7】玉米60.3，豆粕23.7，花生仁粕2.7，麦麸9.3，预混料4。

【配方8】玉米60，豆粕22，花生仁粕2.5，菜粕2.3，麦麸9.2，预混料4。

【配方9】玉米62，豆粕20.9，花生仁粕2.6，鱼粉2，麦麸8.5，预混料4。

【配方10】玉米54.2，膨化大豆24.8，鱼粉2，棉粕2.5，菜粕2.5，麦麸10，预混料4。

【配方11】玉米54.2，膨化大豆24.8，花生仁粕3.5，棉粕2.5，麦麸9，预混料4。

【配方12】玉米60.9，豆粕19.9，棉粕3，肉骨粉3.5，麦麸8.8，预混料4。

【配方13】玉米60.7，豆粕18.8，棉粕2.5，菜粕2.5，肉骨粉3，麦麸8.5，预混料4。

【配方14】玉米60.8，豆粕19.5，蚕蛹粉3.5，菜粕2.2，麦麸8.8，预混料4。

【配方15】玉米61.6，豆粕18.7，蚕蛹粉2，鱼粉2，棉粕2.5，麦麸9.2，预混料4。

【配方16】玉米55.3，高粱5，豆粕23，棉粕3.8，麦麸8.9，预混料4。

【配方17】玉米55.8，高粱5，豆粕22，花生仁粕4.2，麦麸9，预混料4。

【配方18】玉米45.9，小麦20，豆粕24.1，麦麸6，预混料4。

【配方19】玉米46.3，小麦19.8，豆粕21.7，菜粕3.2，麦麸5，预混料4。

【配方20】糙米61.7，豆粕22.6，棉粕3，麦麸8.7，预混料4。

【配方 21】糙米 61.5，豆粕 22.3，棉粕 2.5，菜粕 2.6，麦麸 8.5，预混料 4。

【配方 22】糙米 62，豆粕 21.7，花生仁粕 3.3，麦麸 9，预混料 4。

【配方 23】糙米 62，豆粕 19.2，棉粕 3，花生仁粕 3，麦麸 8.8，预混料 4。

【配方 24】糙米 61.7，豆粕 19.5，花生仁粕 3.1，菜粕 3，麦麸 8.7，预混料 4。

【配方 25】糙米 61.9，豆粕 17.6，花生仁粕 3，棉粕 2.6，菜粕 2.5，麦麸 8.7，预混料 4。

【配方 26】糙米 63，豆粕 19，花生仁粕 3，鱼粉 2，麦麸 9，预混料 4。

【配方 27】糙米 55，膨化大豆 27.5，棉粕 2.6，菜粕 2.5，麦麸 8.4，预混料 4。

【配方 28】糙米 55.4，膨化大豆 29.4，鱼粉 2，麦麸 9.2，预混料 4。

【配方 29】糙米 63.7，豆粕 11.4，蚕蛹粉 3，鱼粉 1.5，花生仁粕 3，棉粕 2.6，菜粕 2.56，麦麸 8.5，预混料 4。

【配方 30】糙米 63.1，豆粕 18.9，肉骨粉 3.2，鱼粉 1.8，麦麸 9，预混料 4。

以上参考配方中使用了 4% 的预混料，预混料中含有 15~30 千克猪所需要的各种维生素、微量元素、氨基酸、药物、酶等营养要素和其他非营养要素。以上配方的营养水平为：消化能 13.17 兆焦 / 千克，粗蛋白 18%，赖氨酸 1.2%，钙 0.75%，总磷 0.65%。

### （2）30~60 千克猪的参考配方

【配方 1】玉米 59.5，豆粕 19.5，麦麸 17，预混料 4。

【配方 2】玉米 60，豆粕 16.4，菜粕 4，麦麸 15.6，预混料 4。

【配方 3】玉米 60.6，豆粕 16，棉粕 4，麦麸 15.4，预混料 4。

【配方 4】玉米 60.5，豆粕 14.5，棉粕 3，菜粕 3，麦麸 15，预混料 4。

【配方 5】玉米 61.1，豆粕 17.4，鱼粉 1.5，麦麸 16，预混料 4。

【配方 6】玉米 62.1，豆粕 12.5，鱼粉 1.5，棉粕 3，菜粕 2.9，麦麸 14，预混料 4。

【配方 7】玉米 60.2，豆粕 16.5，花生仁粕 2.8，麦麸 16.5，预混料 4。

【配方 8】玉米 61.2，豆粕 13，花生仁粕 2.8，棉粕 4，麦麸 15，预混料 4。

【配方 9】玉米 60.8，豆粕 13.4，花生仁粕 2.8，菜粕 4，麦麸 15，预混料 4。

【配方 10】玉米 62.2，豆粕 10，花生仁粕 2.4，鱼粉 1.4，棉粕 3，菜粕 3，麦麸 14，预混料 4。

【配方 11】玉米 60.8，豆粕 15.5，蚕蛹粉 3.2，麦麸 16.5，预混料 4。

【配方 12】玉米 61.8，豆粕 12.2，蚕蛹粉 3，棉粕 4，麦麸 15，预混料 4。

【配方 13】玉米 61.4，豆粕 12.7，蚕蛹粉 3，菜粕 3.9，麦麸 15，预混料 4。

【配方 14】玉米 61.9，豆粕 11.4，蚕蛹粉 2.2，鱼粉 1.5，菜粕 4，麦麸 15，预混料 4。

【配方 15】玉米 60.9，豆粕 15.1，肉骨粉 4，麦麸 16，预混料 4。

【配方 16】玉米 61.1，豆粕 12.5，肉骨粉 3，棉粕 4，麦麸 15.4，预混料 4。

【配方 17】玉米 61.2，豆粕 11.4，肉骨粉 2.7，棉粕 3，菜粕 3，麦麸 14.7，预混料 4。

【配方 18】玉米 51.6，高粱 10，豆粕 19.7，麦麸 14.7，预混料 4。

【配方 19】玉米 51.9，高粱 10，豆粕 16，棉粕 4，麦麸 14.1，预混料 4。

【配方 20】玉米 51.3，高粱 10.1，豆粕 16.4，菜粕 4，麦麸 14.2，预混料 4。

【配方 21】玉米 51.8，高粱 10，豆粕 14.5，棉粕 3，菜粕 3，麦麸 13.7，预混料 4。

【配方 22】玉米 40.4，小麦 30，豆粕 12.4，棉粕 4，麦麸 9.2，预混料 4。

【配方 23】玉米 39.9，小麦 30，豆粕 16.1，麦麸 10，预混料 4。

【配方 24】玉米 39.9，小麦 30.1，豆粕 12.9，菜粕 3.9，麦麸 9.2，预混料 4。

【配方 25】玉米 40.4，小麦 30，豆粕 11，棉粕 3，菜粕 3，麦麸 8.6，预混料 4。

【配方 26】玉米 40.5，小麦 30，豆粕 14.4，鱼粉 1.1，麦麸 10，预混料 4。

【配方 27】玉米 41.6，小麦 30，豆粕 5.4，花生仁粕 2.5，肉骨粉 2.5，棉粕 3，菜粕 3，麦麸 8，预混料 4。

【配方 28】玉米 41，小麦 30，豆粕 10，花生仁粕 2，肉骨粉 2，鱼粉 1，麦麸 10，预混料 4。

【配方 29】玉米 41.4，小麦 30，豆粕 5.4，花生仁粕 2.5，肉骨粉 2.5，棉粕 3，菜粕 3，麦麸 8，预混料 4。

【配方 30】玉米 41.6，小麦 30，豆粕 6.4，花生仁粕 2，肉骨粉 2，鱼粉 1，棉粕 4，麦麸 9.2，预混料 4。

以上参考配方中使用了 4% 的预混料，预混料中含有 30~60 千克猪所需要的各种维生素、微量元素、氨基酸、药物、酶等营养要素和其他非营养要素。以上配方的营养水平为：消化能 12.96 兆焦 / 千克，粗蛋白 16%，赖氨酸 1.0%，钙 0.70%，总磷 0.60%。

### （3）60千克以上猪的参考配方

【配方1】玉米59.8，豆粕13.2，麦麸16，米糠7，预混料4。

【配方2】玉米60.4，豆粕9.6，棉粕4，米糠7，麦麸15，预混料4。

【配方3】玉米59.9，豆粕10，菜粕4，米糠7，麦麸15.1，预混料4。

【配方4】玉米60.8，豆粕8.2，棉粕3，菜粕3，麦麸14.1，米糠6.9预混料4。

【配方5】玉米60.8，豆粕11.2，花生仁粕2，米糠7，麦麸15，预混料4。

【配方6】玉米61，豆粕7.5，花生仁粕2，棉粕4，米糠7，麦麸14.5，预混料4。

【配方7】玉米60.6，豆粕8，花生仁粕2，菜粕3.9，米糠7，麦麸14.5，预混料4。

【配方8】玉米61.3，豆粕6，花生仁粕2，棉粕3，菜粕3，米糠7，麦麸13.7，预混料4。

【配方9】玉米50.9，高粱10，豆粕13.1，麦麸15，预混料4。

【配方10】玉米51.4，高粱10，豆粕9.4，棉粕4，米糠7，麦麸14.2，预混料4。

【配方11】玉米51.1，高粱10，豆粕9.9，菜粕3，米糠7，麦麸14，预混料4。

【配方12】玉米51.7，高粱10，豆粕8，棉粕3，菜粕3，米糠7，麦麸13.3，预混料4。

【配方13】玉米51.1，高粱10，豆粕10.9，花生仁粕2，米糠7，麦麸15，预混料4。

【配方14】玉米47.6，小麦25，豆粕10.4，米糠7，麦麸10，预混料4。

【配方15】玉米43.8，小麦25，豆粕6.7，棉粕4，米糠7，麦麸9.5，预混料4。

【配方16】玉米43.4，小麦25，豆粕7.1，菜粕4，米糠7，麦麸9.5，预混料4。

【配方17】玉米43.8，小麦25.3，豆粕5.2，棉粕3，菜粕3，米糠7，麦麸8.7，预混料4。

【配方18】玉米43.9，小麦24.9，豆粕8.2，花生仁粕2，米糠7，麦麸10，预混料4。

【配方19】玉米34，糙米31.2，豆粕13.8，米糠7，麦麸10，预混料4。

【配方20】玉米35.8，糙米30，豆粕10.2，棉粕4，米糠7，麦麸9，预混料4。

【配方21】玉米33.4，糙米32，豆粕10.6，菜粕4，米糠7，麦麸9，预混料4。

【配方22】玉米35.2，糙米31，豆粕8.8，棉粕3，菜粕3，米糠7，麦麸8，预混料4。

【配方23】玉米34.4，糙米31，豆粕11.6，花生仁粕2，米糠7，麦麸10，预混料4。

【配方24】玉米36，糙米30，豆粕8.4，花生仁粕2，棉粕4，米糠7，麦麸9，预混料4。

【配方 25】玉米 34.6，糙米 31，豆粕 8.4，花生仁粕 2，菜粕 4，米糠 7，麦麸 9，预混料 4。

【配方 26】玉米 35.9，糙米 30.5，豆粕 6.6，花生仁粕 2，棉粕 3，菜粕 3，米糠 7，麦麸 8，预混料 4。

【配方 27】玉米 53.4，甘薯干 10，豆粕 15.6，米糠 7，麦麸 10，预混料 4。

【配方 28】玉米 54，甘薯干 10，豆粕 12，棉粕 4，米糠 7，麦麸 9，预混料 4。

【配方 29】玉米 53.6，甘薯干 10，豆粕 12.5，菜粕 3.9，米糠 7，麦麸 9，预混料 4。

【配方 30】玉米 54.4，甘薯干 10，豆粕 10，菜粕 3，棉粕 3，米糠 7，麦麸 8，预混料 4。

以上参考配方中使用了 4% 的预混料，预混料中含有 60 千克以上猪所需要的各种维生素、微量元素、氨基酸、药物、酶等营养要素和其他非营养要素。以上配方的营养水平为：消化能 12.54 兆焦 / 千克，粗蛋白 14%，赖氨酸 0.8%，钙 0.65%，总磷 0.55%。